河南省农业干旱风险分析
关键技术研究

陈海涛　徐冬梅　王文川　邱　林　著

科学出版社

北京

内 容 简 介

本书围绕河南省农业干旱风险分析关键技术研究课题,对河南省的干旱时空特征、农业干旱演变规律及成灾机理、典型灌区农业干旱频率进行了分析,对河南省农业干旱脆弱性进行了评价,研究了基于改进突变评价法的河南省农业干旱风险、基于自然灾害指数法的河南省农业干旱风险综合评价、基于灾害系统理论的河南省农业旱灾风险评估和区域农业干旱预报、预警等内容。

本书可供水文学及水资源、农业水土工程、农业干旱风险分析等领域的科研、管理人员阅读参考,也可以作为高等院校相关专业本科生或研究生的学习用书。

图书在版编目(CIP)数据

河南省农业干旱风险分析关键技术研究/陈海涛等著.—北京:科学出版社,2017.6

ISBN 978-7-03-053012-7

Ⅰ.①河… Ⅱ.①陈… Ⅲ.①农业-旱灾-灾害防治-风险管理-研究-河南 Ⅳ.①S423

中国版本图书馆 CIP 数据核字(2017)第 121895 号

责任编辑:陈 婕 姚庆爽 / 责任校对:桂伟利
责任印制:张 伟 / 封面设计:蓝正设计

科 学 出 版 社 出版
北京东黄城根北街 16 号
邮政编码:100717
http://www.sciencep.com

北京教图印刷有限公司 印刷
科学出版社发行 各地新华书店经销

*

2017 年 6 月第 一 版 开本:720×1000 B5
2017 年 6 月第一次印刷 印张:11
字数:220 000

定价:80.00 元
(如有印装质量问题,我社负责调换)

前　　言

近年来,在全球温室效应加剧及水资源需求持续增长的背景下,干旱灾害在许多国家和地区的发生频率、致灾强度和影响范围显著增加,对于社会生活和经济发展的影响已经超过其他任何自然灾害,成为影响世界发展的重要不稳定因素和影响国民经济可持续发展的瓶颈因素。人们对干旱灾害的发生缺乏足够的心理和物质准备,对其发展过程缺少必要的分析和评估能力,通常是被动应对,往往导致无法弥补的经济损失。为扭转目前被动应对的尴尬地位,尽力减轻干旱灾害带来的影响,同时避免盲目地采取与灾情不相适应的各种工程和非工程减灾措施,急需发展基于机理过程的区域干旱风险分析理论与评价方法,为我国农业干旱的科学管理以及防灾减灾策略的制定提供理论支撑。应用风险量化、风险评价及风险分析技术研究农业干旱问题,对其进行有效的管理具有重要的理论意义。

本书通过对国内外相关研究现状进行调研,收集整理分析相关基础资料,通过对河南省历史降水量等水文、气象资料的统计分析,挖掘河南省在研究期内的干旱空间和时间分布特征;揭示研究区域干旱的成灾机理与灾变规律;在考虑作物生物阶段降水的基础上,采用能够反映干旱给农业造成损失的评估指标对研究区域进行干旱频率分析;基于区域灾害系统理论,构建能够反映旱灾成因机理的农业旱灾脆弱性评价指标体系,研究河南省农业干旱灾害脆弱性;借助突变理论能够充分挖掘系统本身内在作用机制的优势,对河南省农业干旱风险及粮食生产进行综合评价;根据灾害系统理论,从农业干旱危险性和农业干旱脆弱性的角度构建更具机理性和综合性的农业干旱风险分析评估模型与方法;考虑物理成因和干旱要素时间序列建立区域降雨预测模型,并进一步构建干旱灾害风险预警模型,对研究区域未来旱情及发张趋势进行预测。

本书是在系统总结作者近年来的研究成果的基础上形成的,在编写过程中,参阅和引用了大量相关文献,在此谨向有关作者和专家表示感谢。

本书的编写得到了水利部公益性项目(201501008)、国家自然科学基金项目(No:51509088)、河南省高校科技创新团队支持计划(14IRTSTHN028)、2013年河南省重点科技攻关计划项目(132102110046)、水资源高效利用与保障工程河南省协同创新中心、华北水利水电大学博士研究生创新基金资助。

本书共10章,其中陈海涛负责第2、4、7、8章的编写,徐冬梅负责第3、5、6、9章的编写,王文川负责第1章的编写,邱林负责第10章的编写。

作者还要特别感谢科学出版社的同志为本书出版所付出的心血。没有他们的辛勤工作,本书就难于面世。

由于作者水平有限,且部分成果内容有待进一步深入研究,书中难免存在不妥之处,恳请读者多提宝贵意见!

作　者

2017 年 1 月

目　录

第1章 绪 论

1.1 研 究 背 景

干旱是全球范围内频繁发生的一种自然灾害,具有发生频率高、影响范围广、持续时间长、产生危害大等特点,它对人类生活、农业生产和社会经济发展的影响超出了其他任何自然灾害[1]。据统计,全球已有超过 50% 的陆地面积遭受过干旱,每年因旱造成的经济损失近 80 亿美元,仅 20 世纪全世界就有多达 1100 多万人因干旱而死亡,受干旱影响的人数更是超过 20 亿。近年来,在全球温室效应加剧及水资源需求持续增长的背景下,干旱灾害在许多国家和地区的发生频率、致灾强度和影响范围显著增加,已成为制约经济社会可持续发展的主要因素之一[2]。

中国大陆东临太平洋,西部又有世界屋脊之称的青藏高原,陆海大气系统的相互作用关系极其复杂,天气形势异常多变,降水时空分布严重不均,这些特点决定了我国在历史上就是一个旱灾严重的国家。自公元前 206 年至公元 1949 年的 2155 年间,中国平均每两年会发生 1 次较大旱灾。1950~1990 年的 41 年间,中国有 11 年发生了特大干旱,占比为 27%。1990~2010 年的 21 年间,我国发生严重、特大旱灾的年份为 11 年,占比为 52%,旱灾发生频次呈现明显增长趋势[3]。

干旱灾害不仅发生频次高,也是造成我国农业损失最严重的自然灾害类型之一。据统计,自 1950 年至 2012 年,全国农业年均因旱受灾面积 0.21 亿公顷,约占各种气象灾害总受灾面积的 60%[4]。年均因旱损失粮食 161.6 亿公斤,占全部自然灾害所造成粮食损失的 60% 以上,且呈明显增长趋势[5]。特别是 20 世纪 90 年代以来,我国干旱缺水问题日益严峻,干旱灾害造成的损失和影响亦越来越严重。继 1997 年发生全国性特大干旱后,2000 年、2001 年连续两年发生全国性特大干旱。2002 年山东发生特大干旱;2003 年南方的湖南、江西、福建、浙江发生了严重的夏伏旱;2004 年广西、广东、海南发生了严重的秋冬旱;2005 年云南发生严重春旱;2006 年重庆和四川东部等地发生百年不遇的特大夏伏旱。2007 年是华北西北部、东北大部、江南大部发生严重干旱。从 2008 年 11 月至 2009 年 2 月,中国冬麦区经历了一次历史罕见的干旱灾害,全国近 43% 的小麦产区受旱,河南、安徽、山东、河北、山西、陕西、甘肃等七个主产区小麦受旱 1.43 亿亩,比上年同期增加 1.34 亿亩。2010 年大旱导致除四川以外的西南五省区市,至少 218 万人返贫,经济损失超过 350 亿元。2010 年 10 月起,冬麦区降水异常偏少,截至 2011 年 1 月

28 日,全国作物受旱面积 7740 万亩,仅河南、山东两省受旱面积就达 4584 万亩,占全国受旱面积的 59%。2012 年我国西南、黄淮、江淮多省大旱,因旱受灾面积近亿亩,直接经济损失近 200 亿元;2013 年再遇全国性大旱情,受灾面积 1.6 亿亩,直接经济损失近 600 亿元;2014 年旱灾更加严重,全国作物受灾面积 1.8 亿亩,因旱粮食损失 2006 万吨,直接经济损失近 910 亿元[6]。

伴随着全国干旱形势的日益严峻,干旱灾害对河南省农业生产的影响也尤为突出。据资料显示,1990~2007 年的 18 年间,河南全省粮食作物因旱受灾面积839.45 千公顷,导致年均粮食损失量 27.86 亿公斤、农业直接经济损失 39.00 亿元[7]。2010 年,河南省干旱灾害受灾面积 584 千公顷,成灾面积 376 千公顷。2013 年,全国有 26 省(自治区、直辖市)发生干旱灾害,其中河南省作物受灾面积571.25 千公顷,成灾面积 323.02 千公顷,绝收面积 60.53 千公顷,因旱饮水困难人口 27.57 万人。2014 年 6 月至 2014 年 8 月,河南省出现了 1951 年以来最严重旱情,全省因旱造成受灾人口 1426.28 万人、直接经济损失 40.09 亿元,其中农业损失 33.77 亿元,占经济损失总量的 84%。

从历年干旱灾害情势不难看出,随着我国社会经济的快速发展和水资源供需矛盾的日益突出,干旱灾害对我国农业系统产生的威胁也将日趋严重,农业干旱灾害已经成为我国社会经济可持续发展的重要制约因素。

1.2　研究的意义

目前,干旱灾害对于社会生活和经济发展的影响已经超过其他任何自然灾害,成为影响世界发展的重要不稳定因素和影响国民经济可持续发展的瓶颈因素。人们对干旱灾害的发生缺乏足够的心理和物质准备,对其发展过程缺少必要的分析和评估能力,通常是被动应对,往往导致无法弥补的经济损失。为扭转目前被动应对的尴尬地位,尽力减轻干旱灾害带来的影响,同时避免盲目地采取与灾情不相适应的各种工程和非工程减灾措施,急需发展基于机理过程的区域干旱风险分析理论与评价方法,为我国农业干旱的科学管理以及防灾减灾策略的制定提供理论支撑。应用风险量化、风险评价及风险分析技术研究农业干旱问题,对其进行有效的管理具有重要的理论意义:

(1) 干旱缺水是全球范围内频发的一种慢性自然灾害,它对于社会生活和经济发展的影响之大、范围之广、持续之久和危害之深,超过其他任何自然灾害,成为影响世界发展的严重不稳定因素和影响国民经济可持续发展的瓶颈因素。然而,目前人们对于干旱缺水的危机状况缺少必要的评估和预警能力,对其发生缺乏足够的心理和物质准备,往往处于被动应付地位,导致无法弥补的经济和生态损失。为防患于未然和减轻干旱缺水的影响,避免各种工程与非工程减灾措施实施过程中的盲目性,有必要对干旱缺水进行风险评估和预警,并及时采取相应的对策措施。

(2) 干旱缺水始终是我国社会经济可持续发展、水资源可持续开发利用和保护所面临的重要问题。随着我国经济的快速发展,城市化进程的加快,人民生活水平的提高,对供水安全、粮食安全、生态环境安全的要求越来越高,水资源短缺、干旱频繁发生对人民的生产、生活影响越来越突出。因此,如何建立科学的防旱减灾机制,把干旱缺水的影响和损失降到最低程度,已经是我国当前亟待解决的问题。因此,为了适应我国新时期抗旱工作的需要,保障社会经济可持续发展以及水资源的可持续利用,应加强研究探讨农业干旱预警技术。

1.3 国内外研究现状

1.3.1 干旱与旱灾

干旱的发生与发展是一个异常复杂的过程,其驱动机制及作用机理与自然和社会因素紧密相连。特别是近些年,伴随着科技的进步,人类社会发生了急剧变化,人类活动对自然环境产生的影响也是前所未有的,这些因素都让干旱问题变得越来越复杂。其次,不同于其他灾害,干旱对人类社会的影响异常广泛,不同领域的学者都对其进行了深入研究。从不同角度出发的干旱研究具有不同的侧重点,从而也产生了诸多基于不同角度和问题的干旱定义。

早期总将干旱和降水的减少联系在一起,然而伴随着科学研究的不断进步,自然界受人类影响逐渐增大,干旱的内涵及定义也在变化,对于干旱的描述也不尽相同。美国学者 Abbe[8] 在 1894 年发表的论文中,首次明确提出干旱定义为"长期累积缺雨的结果"。《旱情等级标准》(SL 424—2008)将干旱定义为:因降水减少,或入境水量不足,造成工农业生产和城乡居民生活以及生态环境正常用水需求得不到满足的现象。《联合国防治干旱和荒漠化公约》(UNCCD)定义干旱为:降水已经大大低于正常记录水平,造成土地资源生产系统水文严重失衡的自然现象。Palmer 解释干旱为"一个持续的、异常的水分缺乏",这一表述在 230 年后被世界气象组织(WMO)采纳,并将干旱定义为"一种持续的、异常的降水短缺"[9]。联合国国际减灾战略机构(UNISDR)[10] 将干旱定义为:通常是指在一个季度或者更长时期内,由于降水严重缺少而产生的自然现象。Mishra 等[11] 对干旱定义、干旱指标进行总结评述,并指出干旱定义取决于用来描述干旱的不同变量,因此干旱的定义可分为不同的类别。由于供需关系的复杂性和干旱问题与自然现象、社会、人类活动等因素的密切相关性,不同学科、不同部门研究干旱的目标、方法都不一样,这就使得给干旱下一个准确、全面的定义比较困难,美国气象学会(AMS)[12] 在总结各种干旱定义的基础上将干旱分为四种类型:气象干旱、农业干旱、水文干旱和社会经济干旱四种形式。

干旱侧重于描述水分亏缺及其相关自然现象,旱灾则侧重于描述这些自然现象对人类社会以及生态环境造成的损失或损害[13]。从本质上讲,干旱并不是灾害,只有当干旱对人类社会以及生态环境造成损害时才演变为旱灾。

旱灾是灾害学中的概念,同时也是自然灾害的主要类型之一。与其他自然灾害不同,旱灾具有发生地域的不确定性、发展过程的累积性、产生危害的间接性等特点,致使旱灾的驱动机制和作用机理异常复杂,至今尚未形成统一的旱灾定义。1997 年出版的《中国水旱灾害》中认为旱灾是干旱超过一定临界后,对城乡生活和工农(牧)业生产产生不利影响的现象;根据《中华人民共和国抗旱条例》,旱灾是指由于降水减少、水工程供水不足引起的用水短缺,并对生活、生产和生态造成危害的事件;陈晓楠[14]认为旱灾是指在作物生育期内由于受旱造成作物较大面积减产或绝产的灾害,是干旱事件累积作用的结果。唐明[15]认为旱灾是因为干旱缺水对居民生活和工农业生产造成影响的现象。屈艳萍[16]认为旱灾是由干旱这种自然现象和人类活动共同作用的结果,是自然系统和社会经济系统在特定时间和空间条件下耦合的特定产物。金菊良[17]认为,旱灾是伴随着干旱的发展,会出现一定程度的供水短缺现象,并对植物正常生长、人类社会正常的生产和生活、自然环境正常功能产生不利影响甚至危害的事件,是各种自然因素与社会因素相互作用的结果。

尽管旱灾尚未有统一、准确的定义,但目前至少达成了一个共识,即旱灾是干旱发展到一定程度时产生的对自然环境及人类社会的不利影响,同时具备社会属性和自然属性。

1.3.2　干旱评价指标

农业干旱的发生与发展有着极其复杂的机理,它不可避免地受到各种自然的或人为因素的影响,气象条件、水文条件、农作物布局、作物品种及生长状况、耕作制度及耕作水平都可对农业干旱的发生与发展起到重要的影响作用。

最常见的农业干旱指标是降水量指标,是以某一地区某段时间内,该地区的降水量与这一地区该时段的年均降水量值进行比较并依此来确定旱涝标准的指标,并且,本时段的降水量值或者降水量预测值资料获取比较容易,还具有很好的直观性,现阶段应用较为广泛,该指标多采用降水距平百分率法、百分比法及无雨日数等[18];土壤含水量指标,根据土壤水分的平衡原理以及水分消退模式,计算出每个生长时期的土壤含水量值,以作物不同生长状态进行的土壤水分实验数据来当做判定指标,来预测该时段的农业干旱是否发生;温度指标,董振国[19]曾提出,利用植物水分亏缺指数的温度指标反映干旱等级,通过观测,把每天 13 时～15 时作物的冠层温度和气温层的温差当成是干旱指标,这种温度指标与遥感技术相结合,可以快速地得到具体数据，能迅速采取措施防范，然而气温却不能完全准确地反映出农作物的干旱程度；地表水供给指数，Shafer 等提出了地表水供给指数（surface water supply index，SWSI）[20]，把水文特征以及气象特征结合在一个指标中，主要包括了 4 个参数：积雪、径流、降水和水库蓄水，依据历史资料，并利用不超限的概率值复制，把此百分率的值输入修订后的 SWSI 算法，这个指数与季节相互关联，所以 SWSI 只能在冬季使用，进行积雪、降水以及水库蓄水计算，夏季积雪值用径流值代替，此指数考虑到了每一个水文要素对盆地供水的贡献，贡献值一般可以用经验值替代，所以利用时受到限制。由于农业干旱受到气象、土壤、水文、作物、农业布局、农耕措施及水利设施等多种因素的影响，所以，可以用综合指标全面地反映农业干旱的发生和产生的影响。Tsakiris 等提出勘测干旱指数 RDI，该指标比其他指标具有明显的优势，它能够综合考虑降水和其他气象因素及潜在土壤水分蒸发。为了更好地展开区域间干旱程度的比较，Mckee 等提出另外一种适用更为广泛的干旱评估指标——降水标准化指数（SPI）。Keyantash 等认为 SPI 在普适性、实用性等方面是综合评价最优的一种指标。但 SPI 指数在应用中仅考虑降水因素，忽略了其他因素（如气温、土壤、土地利用方式等）对干旱的影响，结果的准确性显然会受到影响。

从以上研究可以看出，国内外在干旱指标方面已有很好的研究基础，但需要指出的是，农业干旱形成是一个复杂的过程，很多机理仍很模糊，加上时空变化等因素的影响，干旱的发展过程很难确切把握，因此，难以形成一个普遍适用的指标，综合干旱指标的研制仍在不断地探索和完善当中。

1.3.3 自然灾害风险研究

灾害风险评估是一项集多要素的综合分析工作，主要包括灾害危险性分析、承灾体脆弱性分析、防灾减灾能力分析以及相关的不确定性分析。在自然灾害风险的早期研究中，国外学者认为灾害风险是"事件偶然发生的伤害或损失的暴露性"[21]；Petak 等[22]将自然灾害风险分析过程分为风险辨识、风险估算和风险管理，并分别进行了详细论述；联合国国际减灾战略机构[23]制定的自然灾害风险定义为"自然或人为灾害与承灾体脆弱性之间相互作用而产生的损失（包括人员伤亡、财产损失、经济活动中断、环境破坏等）的可能性"；Maskrey[24]将自然灾害风险定义为"灾害危险性与易损性相互作用的结果"，其中危险性指灾害发生的概率，易损性指与危险性相关的灾害损失；联合国赈灾组织提出，自然灾害风险是指在一定的时间和空间范围内，由具体自然灾害事件引发的人类生命财产及经济活动遭受损失的期望值。

我国在自然灾害风险研究方面起步相对较晚，但也取得了很多成果。任鲁川[25]认为自然灾害风险是指生命伤亡与财产损失出现的可能性；史培军等在国内外灾害研究成果的基础上,分别于 1996[26]、2002[27]、2005[28]和 2009[29]年通过对灾害系统的性质、动力学机制、灾害综合风险管理等方面的探讨,提出了灾害综合风险是致灾因子、孕灾环境和承灾体综合作用的结果;黄崇福[30]认为自然灾害风险是由一系列可能性之和构成的,包括区域致灾因素在发生时间、空间、强度上的可能性,对人类生活环境各种破坏的可能性,以及引发各种损失的可能性;黄崇福[31]首次提出由风险意识块、量化分析块和优化决策块构成的综合风险管理梯形架构,为有效管理风险提供了必要的环境和条件;张继权等[32]认为自然灾害风险是灾害危险性、承灾体暴露性、孕灾环境脆弱性和社会防灾减灾能力的综合表达,风险为这四者的函数;王文圣等[33]探讨了集对分析在自然灾害风险度评价中的应用,为自然灾害风险提供了一种行之有效的评价方法;孙仲益等[34]利用自然灾害风险指数法、熵组合权重法以及加权综合评价法建立了安徽省干旱灾害风险指数和涝灾风险指数评价模型;尹占娥等[35]认为自然灾害风险是由致灾因子、暴露和脆弱性结合下的可能损失;自然灾害风险分级方法[36]对自然灾害风险的定义是以自然变异为主因导致的未来不利事件发生的可能性及其损失;李红等[37]基于自然灾害风险评价系统的复杂性和不确定性特征,从自然灾害危险性、社会经济易损性和区域设防角度建立评价指标体系,采用模糊物元模型对中国大陆 32 个省、直辖市和自治区重大自然灾害风险等级进行了评价;邹乐乐等[38]基于水库诱发地震的机理研究,建立了水库诱发地震风险评价模型,为构建水库诱发地震综合风险预警系统提供了重要的技术基础。

1.3.4　农业干旱风险研究

　　干旱灾害风险大小是在一定强度的干旱灾害作用下,人类社会、环境、经济遭受损害或损失大小的可能性,是承灾体危险性与脆弱性综合作用的结果,通常用风险度或风险损失等级来度量干旱的风险损失程度。目前,干旱灾害风险研究主要有两种方式:一是利用历史干旱资料对干旱风险进行量化,计算出风险的大小,即给出干旱事件在某一区域发生的概率及产生的后果;二是根据干旱灾害致灾机理,对影响干旱风险的各因子进行分析,计算出干旱风险指数大小。目前,对农业干旱风险评价的研究主要集中在农业干旱的发生机制、农业干旱监测、农业干旱灾害损失评估以及综合减灾管理等方面。根据不同的学科和专业,研究的侧重点也有所不同。主要的研究成果有:2005 年 Richter[39]选取最大土壤湿度作为指标,从气候变化对干旱产生的影响进而造成的小麦产量损失的角度对英国威尔士进行了农业干旱风险评价;2008 年 Huth 等[40]针对两种桉树品种的生长特征、水分利用率等运用 APSIM 模型对澳大利亚进行了针对桉树的干旱风险评价。2008 年 Sham 等[41]构建了农业干旱风险评价指标体系,包括标准化降水指数 SPI、粮食产量、灌溉面积比、农业人口等,对孟加拉国农业旱灾风险进行了评价。

国内开始关注风险评价并用于水旱灾害领域中是在 20 世纪 90 年代,史培军针对区域旱灾致灾因子风险性、承载体脆弱性分析了灾害形成的动力学过程,提出了灾害科学的基本框架,进一步完善了"区域灾害系统论"的理论体系,并就资源开发与灾情形成机理及动态变化过程进行了综合分析,阐述了区域灾害的形成过程,进一步从区域可持续发展的角度,就建设安全社区(区域)提出了"允许灾害风险水平"的区域发展对策;以邱林[42]为代表的国内研究学者开始建立农业干旱评价指标的量化模型,提出了农业干旱评估指标最重要的是应正确反映干旱给农业造成的损失大小的思想,并以此建立了农业干旱评估指标的量化模型,该模型不仅能定量计算风险而且能较准确地反映干旱给农业造成的损失;薛昌颖等[43]通过分析河北和北京、天津地区 1949~2000 年的冬小麦实际产量,对干旱条件下的河北和北京、天津地区历年冬小麦的产量灾损风险水平进行了估算;姜逢清等[44]利用统计学方法和分形理论,对新疆 1950~1997 年干旱灾害特征进行了分析,对新疆农业干旱旱情从受灾面积等方面进行了风险评估;陈晓楠等[45]用非参数检验和蒙特卡罗法研究干旱概率分布,分析出农业干旱程度的分布函数和数字特征,编制出灌区农业干旱风险对策决策的支持系统。任鲁川[46]利用信息熵的理论,对山东省 1949~1994 年旱情进行了风险分析,把宏观热力学熵引入了区域灾害的风险研究中。

从已有的研究可知,当前农业干旱风险分析尚处于起步阶段,尽管对农业干旱问题的研究取得了一定的成果,但也存在许多问题:对农业干旱形成的机理与过程研究不够,各类干旱评估指标在表达干旱发展的机理和过程时存在着明显的缺陷;对于农业干旱危险性机理及干旱特征的描述仍然欠缺;当前农业干旱脆弱性风析的指标选取和定量化表示尚存在很大的主观性和片面性,农业干旱脆弱性评估缺乏有效的方法;现有的农业干旱风险评估模型存在作物单一性、机理薄弱性等缺点,缺乏从农业干旱危险性和农业干旱脆弱性的角度构建更具机理性和综合性的农业干旱风险评价模型。

1.3.5　农业干旱预报、预警研究现状

在干旱预警研究与服务方面,国外的干旱预警主要利用马尔可夫(Markov)链转移概率和统计模式。Paulo[47]用 68 年的降水量资料,将葡萄牙南部的 SPI 指数计算出来,用均一、非均一两种马尔可夫链转移概率模型来对干旱等级和时间进行预测,通过短期验证得出,Markov 可以很好地预测月尺度干旱的发生情况,其中,非均一的 Markov 链预测效果更好;Kumar[48]通过 1963~1987 年印度的佐代普尔区的降水量衍生资料,建立起农业干旱预警系统,用此系统预测珍珠粟的产量,建立的多元线性回归模型 IW,在作物收获前估计其产量,模型效果显著。

国内方面,章大全等[49]利用中国气象局提供的 1958~2007 年间 194 个站点的降水、温度与 Palmer 旱涝指数的均一化数据来建立统计模型,预测未来 5 年内

中国的 8 个气候区的干旱化趋势;杨建伟[50]用沁源气象站 42 年间的实测降水数据,并建立起灰色预测 GM(1,1)灾变模型,通过模型对干旱灾害进行预测;席北风等[51]综合利用旬降水距平百分率和土壤相对湿度距平百分率构建出综合干旱指数,指定出预警标准进行干旱预警;李凤霞等[52]充分考虑土壤水分、降水量、气温和未来降水趋势等影响因素,建立起干旱预警经验模式;杨永生[53]利用毛管破裂含水量、凋萎含水量等土壤含水指标作为干旱指标,依照土壤水分的平衡理论建立干旱监测的预警模型;熊见红[54]考虑三层蒸散发模型以及蓄满产流原理,建立起基于土壤含水量的干旱预报模型;杨启国等[55]分析了甘肃河东地区目前的作物旱情指标,选取作物水分供需比为作物的旱情指标,建立起旱作小麦的农田干旱监测预警指标模型,规定小麦的旱情分级标准;李玉爱等[56]建立了山西大同的短期农业气候干旱预测系统,将天气学原理、长期天气预报理论作为依据,以微机与气象卫星通信网络作为硬件支持,利用统计学、人工智能以及综合集成等诸多方法。

从现有研究成果来看,从点到面的农业干旱预警研究依然很薄弱,将干旱灾害这一现象作为一个灾害系统来进行研究仍然很欠缺,国内目前还没有关于气候变化影响下的因子间相互作用的机理性干旱预警方面的研究。总的来说,当前的干旱预警并不是真正意义上的农业干旱预警。

1.4　主要研究内容与方法

1.4.1　研究内容

1.4.1.1　河南省干旱时空特征分析

利用河南省 17 个气象站 1961~2012 年的月降水量和年降水量资料,分别计算降水距平百分率和 Z 指数,对河南省干旱时空特征进行分析并进行干旱等级划分。结果表明:河南省干旱主要集中在冬季,年际间干旱的变化规律不明显;北部地区发生干旱,特别是较为严重干旱事件的频率高于其他地区。

1.4.1.2　河南省农业干旱演变规律及成灾机理分析

统计河南省的多年资料,分析总结河南省的农业干旱特点和规律,从孕灾环境、致灾因子和承灾体三方面入手,分析造成干旱的原因,论述河南省农业干旱灾害的主要成灾机理。

1.4.1.3　河南省典型灌区农业干旱频率分析

1) 基于最大熵原理的区域农业干旱度概率分布研究

引入干旱程度这一表征干旱给农业造成损失的评估指标,应用最大熵原理,通过对由蒙特卡罗法模拟出的大量干旱度指标的数字特征值进行计算,得到精度较高的区域干旱度概率分布密度函数,进而可以掌握项目区干旱度的分布情况的数学表达式。具体步骤为：首先根据作物在非充分灌溉条件下的减产率，建立了干旱程度的量化评价指标；然后通过蒙特卡罗法生成了长系列干旱度指标；最后利用最大熵方法，构建了农业干旱度分布的概率分布。该模型概念清晰，计算简单，具有较好的合理性与实用性，是一种较好的评估方法。本章以河南省濮阳市渠村灌区为例，对模型的应用加以说明。

2）基于作物生育阶段降雨量的区域农业干旱频率分析

以濮阳渠村灌区玉米种植为例，结合 Jensen 模型，对作物生育阶段的降雨量进行概率组合分析，拟合各生育阶段降雨量分布函数，选用 Archimedean Copula 函数构造相邻生育阶段降雨量的联合分布函数，分析了该区域农业干旱演变规律。该方法考虑了相邻生育阶段降雨量之间的多种组合情况，因此能够更全面地反映区域农业干旱的规律特征，可为区域内农业干旱分析和水资源配置提供科学的依据。

1.4.1.4 河南省农业干旱脆弱性评价

根据灾害系统理论，分析农业旱灾脆弱性影响因素，建立相应评价指标体系；运用可变模糊集合理论，采用组合赋权法，构建农业旱灾脆弱性评价模型；运用该模型对河南省 18 个地区农业旱灾脆弱性进行评价计算，结果表明：河南省农业旱灾脆弱性整体呈现为 III 级，其中，中部地区脆弱性较低，南部地区脆弱性较高。本量化评价方法不仅能计算出各地区旱灾脆弱程度而且能够反映承灾主体在灾害发生发展过程中的作用，从而为管控农业旱灾风险提供技术支持。

1.4.1.5 基于改进突变评价法的河南省农业干旱风险研究

通过分析常规突变评价法存在的缺陷，提出了改进的突变评价法，该方法对常规突变评价法的初始综合值进行调整计算，将集中靠近 1 的常规突变评价值调整到 0 到 1 的 20 个子区间内，提高了评价结果的分辨率水平。将改进的突变综合评价方法应用于河南省 2011 年各市农业干旱风险总体评价，并与常规突变评价方法进行对比分析。计算结果表明：本书模型计算出的风险值分布更趋于合理，且能够更加清晰地反映出综合评价值的大小和等级。

为了科学、合理、有效地对粮食产量进行评价，本书作者提出了一种改进的突变级数法，并对河南省 14 个市区粮食产量进行评价。结果表明，经过转化后的突变评价值与常规方法得到的结果基本一致，而且，该方法能够定量区分出同一层次指标的重要程度，其评价结果比较符合实际，为粮食产量风险等级的评价提供了一种新方法。

1.4.1.6　基于自然灾害指数法的河南省农业干旱风险综合评价

基于自然灾害风险形成原理和农业干旱灾害风险形成原理,从造成农业干旱的四个方面:危险性、暴露性、脆弱性和防旱抗旱能力入手,选取了 14 个评价指标,利用自然灾害指数法、加权综合评价法、层次分析法和变异系数法建立了河南省农业干旱风险评价指标体系和模型。对河南省农业干旱单因子进行风险评价,并绘制相应的风险分布图,最后进行综合评价和分析。

1.4.1.7　基于灾害系统理论的河南省农业旱灾风险评估

本书结合农业旱灾的概念和特征,将灾害系统理论运用到农业旱灾风险评估中,提出了一种基于灾害系统理论的农业旱灾风险分析方法。该方法认为,农业旱灾风险是旱灾致灾因子危险性和承灾体脆弱性相互作用的结果,致灾因子危险性通过承灾体脆弱性的转换,最终形成农业旱灾风险。根据联合国国际减灾战略机构(UNISDR)提出的"灾害风险＝危险性×脆弱性"的思想,本书进一步构建基于灾害系统理论的农业旱灾风险评估模型。

1.4.1.8　区域农业干旱预报、预警研究

1) 基于云模型的区域中长期降雨预测研究

中长期降雨预测对灌区水资源管理、种植结构调整及水生生态系统的健康发展具有重要意义。基于云模型的降雨预测法通过挖掘已有观测数据的内在联系,形成预测规则,并据此进行中长期预测。运用云模型对河南省渠村灌区 2004～2013 年降雨量进行预测,结果显示,年降水量预测平均值与实测值整体拟合较好。对预测模型的检验结果表明,云模型在中长期降雨预测应用中优于灰色预测等方法。

2) 基于两种模型的区域旱情预警研究

建立 PSO-BP 神经网络和灰色 GM(1,1) 两种干旱预测模型,通过降水距平百分率对干旱灾害的等级划分,计算出河南省豫中、豫北、豫西、豫东和豫南地区的郑州、安阳、三门峡、商丘、信阳五个城市的基于降水量的干旱预警综合结果,预测结果可以为当地充分利用降水资源、制定合理的灌溉制度、提高灌溉管理水平提供依据。

1.4.2　研究方法

对国内外相关研究现状进行调研,收集整理分析相关基础资料,通过对河南省历史降水量等水文、气象资料的统计分析,挖掘河南省在研究期内的干旱空间和时间分布特征;揭示研究区域干旱的成灾机理与灾变规律;在考虑作物生物阶段降水

的基础上,采用能够反映干旱给农业造成损失的评估指标对研究区域进行干旱频率分析;基于区域灾害系统理论,构建能够反映旱灾成因机理的农业旱灾脆弱性评价指标体系,研究河南省农业干旱灾害脆弱性;借助突变理论能够充分挖掘系统本身内在作用机制的优势,对河南省农业干旱风险及粮食生产进行综合评价;根据灾害系统理论,从农业干旱危险性和农业干旱脆弱性的角度构建更具机理性和综合性的农业干旱风险分析评估模型与方法;考虑物理成因和干旱要素时间序列建立区域降雨预测模型,并进一步构建干旱灾害风险预警模型,对研究区域未来旱情及发张趋势进行预测。研究技术路线图如图 1-1 所示。

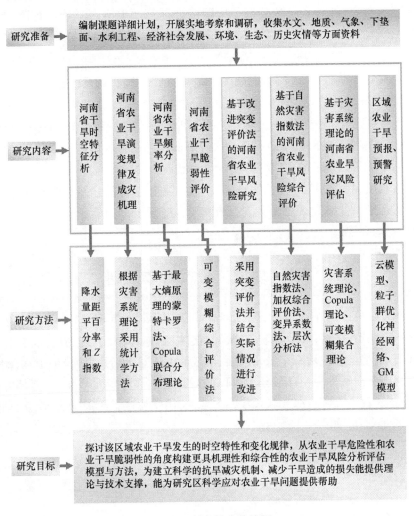

图 1-1 研究技术路线图

第 2 章 河南省干旱时空特征分析

干旱是造成损失较大的自然灾害之一,对工、农业生产均能造成严重影响。河南省处在我国中东部,地跨海河、黄河、淮河、长江四大流域,总土地面积 16.55 万千米²,全国第一人口大省,干旱灾害对河南省的农业生产的影响尤为突出。

黄道友等[57]利用 Z 指数分析了中国南方季节性干旱,并与实际情况进行对比,取得了较好的一致性。孙安健等[58]分别用 Z 指数等方法分析和研究了我国北方和华北地区的干旱情况。杨世刚等[59]利用 1957～2003 年山西省 30 个站点的气象数据判定山西省旱涝情况,发现降水距平百分率能直观反映出自然降水的多寡,Z 指数更适合反映单站的旱涝情况。杨晓华等[60]用 Z 指数对陇东黄土高原的干旱特征做了分析,分析得出近 48 年来陇东地区的总体趋势是向干旱发展的。格桑等[61]通过国家发的降水量距平百分率等级标准在西藏地区进行应用研究,研究表明此标准能很好地反映研究区的实际干旱状况。

本章利用河南省 17 个气象站台 1961～2012 年的月降水量和年降水量资料,选取降水距平百分率和 Z 指数两种干旱指数,进行干旱分析研究,得到河南省干旱的时空分布状况。

2.1 地理位置及行政区划

河南省在我国的中东部地区,黄河中下游,地处北纬 $31°23'～36°22'$ 与东经 $110°21'～116°39'$ 之间,东邻山东、安徽,西接陕西,南连湖北,北到山西与河北,其三面环山,走势上呈现西高东低,北、西、南三面的千里太行山脉、伏牛山脉、桐柏山脉和大别山脉沿省界呈半环形分布;河南省的中、东部为华北平原;西南部为南阳盆地,跨越了黄河、淮河、海河和长江四大水系,山水相连。河南省的行政区划包括 18 个主要地级市,如图 2-1 所示。

2.2 研 究 方 法

2.2.1 月尺度降水距平百分率

降水量距平百分率(Pa)反映某一时段降水相对于同期平均状态的偏离程度,其大小作为衡量干旱轻重的指标,其表达式为

图 2-1　河南省行政区划图

$$Pa = \frac{p - \bar{p}}{\bar{p}} \times 100\% \qquad (2-1)$$

式中，p 为某月的降水量；$\bar{p}$ 为该月多年平均降水量。干旱等级划分见表 2-1。

表 2-1　月尺度降水距平百分率的干旱等级划分表

干旱类型	降水量距平百分率 Pa/%
无旱	$-40 < Pa$
轻旱	$-60 < Pa \leqslant -40$
中旱	$-80 < Pa \leqslant -60$
重旱	$-95 < Pa \leqslant -80$
特旱	$Pa \leqslant -95$

2.2.2　Z 指数

由于降水量一般不服从正态分布，假设降水量服从 P-III 型分布，通过对月降水量标准化处理，把概率密度函数转化为以 Z 为新变量的标准化正态分布，计算公式如下：

$$Z=\frac{6}{C_s}\times\left(\frac{C_s}{2}\times\varphi_i+1\right)^{\frac{1}{3}}-\frac{6}{C_s}+\frac{C_s}{6} \tag{2-2}$$

式中，C_s 为偏态系数；φ_i 为标准变量。

$$C_s=\frac{\sum\limits_{i=1}^{n}(R_i-R)^3}{n\times\sigma^3} \tag{2-3}$$

$$\varphi_i=\frac{R_i-R}{\sigma} \tag{2-4}$$

式中

$$\sigma=\sqrt{\frac{1}{n}\sum\limits_{i=1}^{n}(R_i-R)^2} \tag{2-5}$$

$$R=\frac{1}{n}\times\sum\limits_{i=1}^{n}R \tag{2-6}$$

根据计算得出 Z 指数，并分级判断确定干旱等级，干旱等级划分如表 2-2 所示。

表 2-2 Z 指数干旱等级划分表

干旱类型	Z 值
无旱	$-0.84<0.84<Z$
轻旱	$-1.44<Z\leqslant-0.84$
中旱	$-1.96<Z\leqslant-1.44$
重旱	$Z\leqslant-1.96$

2.3 干旱特征分析

2.3.1 降水量分布及趋势分析

通过对河南省 1961～2012 年 52 年年均降水量资料的分析，绘制出图 2-2。可以看出，降水量整体趋势趋势不明显，但降水量年际变化很大，最大的 1963 一年是 1115.93 毫米，最小的 1965 年是 480.26 毫米。1968、1986、1990、1995、1999 等年由于降水量太少，河南省发生了各种不同程度干旱，其中 1986 年和 1990 年两年发生了特大干旱。

以河南省 1961～2012 年 52 年 17 个站点年降雨量资料为基础，运用空间插值，绘制出河南省的年均降雨量分布图 2-3。可以看出，52 年来河南省的降水空间分布呈从南至北逐渐减少的趋势，差异很大，分布不均匀。其中豫北地区降雨量呈明显减少趋势，豫中、豫南地区降雨量呈增加趋势。

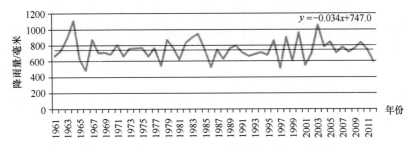

图 2-2　1961～2012 年河南省年均降雨量分布图

图 2-3　河南省年平均降雨量图

2.3.2　时间特征分析

以月为单位的时间尺度上,对月降水量距平百分率和 Z 指数进行干旱等级划分,并逐月统计干旱站次数绘制成条形图,如图 2-4、图 2-5 所示。根据统计值可以分析出,河南省干旱逐月变化较大。总体上两种干旱指数对干旱的分析是一致的,在 11 月至次年 2 月干旱较为集中,即主要发生在冬季。Z 指数分析旱情相对较轻,轻旱较多,中旱重旱分布不均,变动较大。降水距平百分率来看,52 年来累计每个月都有70～140个站次发生轻旱,其中7～9月发生轻旱的站次高于其他月份;4、10、12三个月发生中旱的站次数较其他站次高;各个月份发生重旱的站次波动大,9月到次年3月相对集中;特旱的站次比较集中,在12月到次年的2月,主要在冬季。

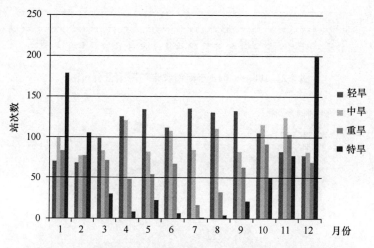

图2-4　降水距平百分率下的不同干旱等级干旱站次数统计

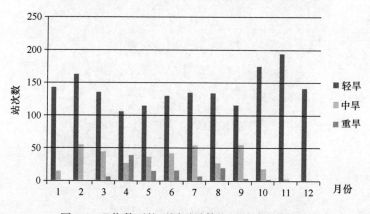

图2-5　Z指数下的不同干旱等级干旱站次数统计

以年为单位的时间尺度上,统计每年各个等级的干旱月份数并绘制成如图2-6、图2-7所示曲线。从图上可以看出,近52年来河南省年干旱情况变化比较大,各干旱等级发生频次的统计线趋势基本一致。两种指标下,2003年均最低,1995年最高。对于特旱事件,1995年发生频次最高,1966、1978、1986、1999、2007年发生频次也高于其他年份。整体上看,1961～2012年干旱规律并不明显。

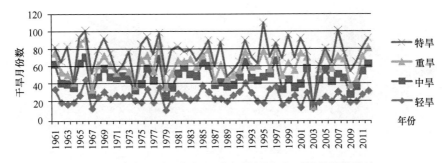

图 2-6　降水距平百分率下不同干旱等级年干旱月份数统计

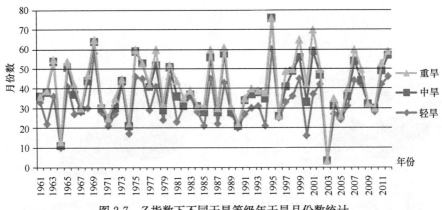

图 2-7　Z 指数下不同干旱等级年干旱月份数统计

2.3.3　空间特征分析

按照干旱等级标准,对月降水量距平百分率和 Z 指数进行干旱等级划分并逐站点统计月份数,绘制图 2-8～图 2-14,由各统计分布图可知,降水距平百分率和 Z 指数下河南省的北部发生干旱的频率高于其他地区,轻旱主要集中于河南省西部和西南部;中旱主要在河南省中部;重旱和特旱分布于河南省北部。两种干旱指标反映出的结果有较好的一致性,对于轻旱的分析,东部地区有一定偏差。

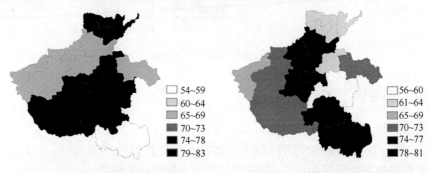

图 2-8　轻旱干旱月份数分布图　　　　图 2-9　中旱干旱月份数分布图

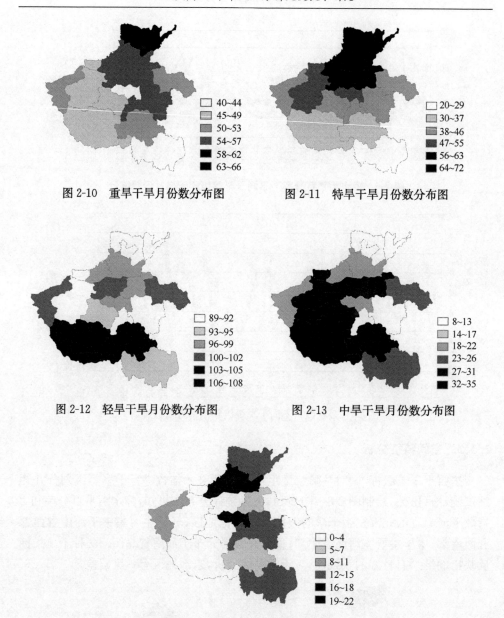

图 2-10　重旱干旱月份数分布图　　　图 2-11　特旱干旱月份数分布图

图 2-12　轻旱干旱月份数分布图　　　图 2-13　中旱干旱月份数分布图

图 2-14　重旱干旱月份数分布图

2.3.4　对比分析

通过两种方法的计算与对比可以得出：

（1）两方法均能够表明研究期内河南省北部地区发生干旱、特别是较为严重干旱事件的频率高于其他地区；南部地区发生干旱的频率较低。

（2）两种方法得出的结论均与历史记录一致，能合理反映出河南省的干旱情况。

（3）降水距平百分率计算简单，但是在部分地区有一定的局限性，Z 指数分析结果更切合实际。

2.4　结　　论

本章采用降水量距平百分率和 Z 指数分析了河南省干旱的时空特征。基于该地区 17 个气象站点 1961～2011 年逐月和年均降水量资料，计算了降水量距平百分率(Pa)和 Z 指数并进行干旱等级的划分和统计，对河南在研究期内的干旱空间和时间特征做出了分析，两种指数对干旱的分析较为一致，均可应用于实践。

第3章 河南省农业干旱演变规律及成灾机理分析

3.1 河南省农业干旱特点及规律

3.1.1 季节性特点

季节性明显。河南省地貌从东到西主要是平原—丘陵—山地,不同的地貌决定了不同的气候特征,大陆性季风气候和其影响因素决定了河南省的气候特点,从而影响到河南省降水量的时空分布,降水量分布的季节特点是:春季降水稀少、干旱、多风沙;夏季的降水量多而集中;秋季降水相对也较多;冬季降水相对比较少。一般情况下,一年四季都会有不同程度的干旱情况发生,其中3~5月的春旱出现得最频繁,占干旱总数的37%,且干旱发生的时间很长,无透雨日数一般能达到60~70天上下,最长可以达到80~90天。全省范围绝大部分地区经常发生春旱,豫北地区还常常发生较大的春旱。6月的初夏旱出现干旱也比较多,占干旱总数的29%,在四季中列第二。6~8月的夏旱出现的频率比较低,只占了总数的20%,并且干旱的时间也比较短。春夏干旱有春旱、夏旱和3~8月发生的春夏连旱,春夏干旱的无透雨日数一般情况下长在40~60天左右。9~11月的秋旱发生次数最少,仅占了总数的14%。

夏季农作物需水期在每年的4~5月,通常情况下,4~5月的降雨量普遍不能满足农作物的基本需水要求,据历史资料统计,1992~2009年的17年间,在4~5月发生旱灾有12年。2000年全省18个站点中有11个站点4~5月发生旱灾。秋季作物需水期主要在7~8月,虽此时正处于汛期,降雨量比较充足,但是由于降雨量相对集中、幅度较大,降雨量的有效利用率低,加上本时段气温高、蒸发量大,本阶段也容易发生旱灾,据历史资料统计,1992~2009年的17年间,7~8月发生旱灾的有10年。

从旱灾发生的强度来看,通常是夏旱最为重,初夏旱相对较轻。北部地区,春旱较秋旱严重,而南部地区,秋旱较春旱严重,形成此特点的主要原因是:北部地区,春季的降雨量少于秋季;而南部地区,秋季的降雨量少于春季。

全省大部分地区时常发生季节连旱,北部地区,春旱与初夏旱的连旱较多;而南部地区,夏旱与秋旱的连旱较多。此种季节性连旱,旱期较长且干旱的强度大、范围广,一般为大旱。

3.1.2　频率和受灾面积特点

发生频率较高,受灾的面积较大,且常发生旱涝交错的状况。从 1450～1949 年的统计资料来看,此 500 年间,全省性干旱的发生次数共记约 200 年。图 3-1 为河南省各世纪所发生的干旱次数。

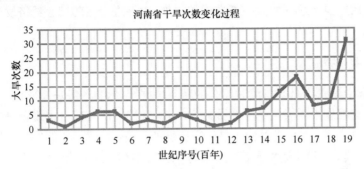

图 3-1　河南省世纪干旱变化过程线

据 1951～2010 年的水利统计资料记载,统计期内,不同程度干旱导致的受旱面积大于 150 万公顷的干旱年数共有 8 年,受灾面积超过 80 万公顷的统计年有 19 年,受灾面积大于 50 万公顷的统计年有 31 年。具体的历年来河南省的受旱面积状况可参见图 3-2。从图中可以看出,1959～1961 年间受旱面积达到最大值,1991、1999、2001 等年的受旱面积均处于较高值。据统计,郑州站在 1997～2009 年的 13 年间,其中有 10 年发生各种不同程度的旱灾,总受旱面积大于 6 万亩[①]的有 7 年,其中受旱时间在 3 个月以上的有 5 年;而在 1992～2010 年的 18 年间的信阳站,发生不同程度的干旱旱灾年只有 5 年,并且在 2001 年,干旱持续时间 8 个月左右,此次累计的受旱面积超过了 200 万亩,而发生洪涝灾害、暴雨和连阴雨等自然灾害的年份有 4 年。

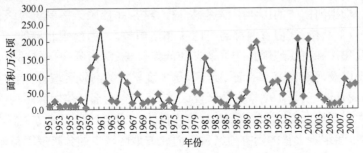

图 3-2　1951～2010 年河南省历年的受旱面积

———————————
① 1 亩＝666.6 米^2

　　河南省受到大陆性季风气候影响,且全省基本位于温暖带,南部的大部分地区在亚热带。受气候及地势西高东低特点的影响,全省水旱灾害发生频繁,洪涝灾害与干旱灾害同期存在,在南边发生洪涝的同时可能在北边又发生旱灾,同一地区也可能出现先旱后涝、旱涝灾害交替发生的局面。

　　河南省是农业大省,是全国的粮食生产核心区,干旱灾害对农业生产影响极大,如何有效减少干旱对农业生产造成的损失,对促进全省的社会经济发展有重要意义。

3.1.3　持续性特点

　　河南省干旱发生具有持续时间久的特点。据统计,自 1450~1949 年的 500 年间,全省不同程度干旱发生的年数接近 200 年,且连续两年以上出现干旱的次数有 38 次,累计 145 年,占全省总的干旱年数比例的 73%,连续两年都发生干旱的次数为 16 次,连续 3~5 年发生干旱的次数为 16 次,连续 6~10 年发生干旱灾害的次数为 4 次,10 年以上发生干旱的次数有两次。1959~1961 年的典型干旱,自 1959年 7 月的夏旱开始,一直持续到 1961 年秋季才结束旱情,连续干旱将近 3 年,受灾面积达到 4%~7%。1986~1988 年,干旱持续两年,受灾面积达到 8%~14%。1997~2001 年的 5 年期间,河南省连续发生了 5 年不同干旱等级的干旱灾害,持续时间较久;2008~2009 年间的典型大旱,开始于 2008 年 10 月,河南省全省连续108 天内均无有效降雨,累计降水仅有 12.6 毫米,全省大部分地区均出现不同程度的干旱。干旱持续的时间较长是河南省农业干旱非常重要的特征之一,发生特点一般是,由一般干旱逐渐到大旱再发展为特大干旱,到一定程度后再逐渐减弱,这种干旱发生过程导致了河南省农业受干旱灾害影响严重[88]。

3.1.4　区域性特点

　　区域性明显。河南省农业干旱分布的区域特点主要包括两个方面,即地域性和流域性。根据河南省的历年干旱资料进行分析,并参照干旱旱灾等级的划分标准,分析出以下结论:河南省西部的三门峡和洛阳地区,河南省北部的新乡、鹤壁、濮阳、安阳、焦作和济源地区是严重旱灾的低发区域;河南省中部的郑州、许昌、漯河和平顶山以及河南省南部的南阳地区,是中度旱灾的高发区域;河南省东部的开封、周口和商丘地区,是中度旱灾的低发区域;河南省南部的信阳和驻马店地区,是轻度旱灾发生区域。通过分析发现,此种空间上北方地区严重南方地区偏轻的旱灾分布规律,和年降水量的南方地区偏多而北方地区较少的分布规律是相吻合的。

　　河南省跨淮河、海河、黄河和长江四大流域,由于南方与北方气候上差别很大,且从年降水量来看,南方比北方多一倍多,这种情况对干旱灾害的区域分布是有很大影响的。每年河南省的旱灾在全省各地域内都会有不同程度发生,从发生干旱的受旱面积、干旱发生的频率与持续时间这些方面来进行分析,河南省旱灾的流域特点为海河与黄河流域发生旱灾较重,淮河流域次之,长江流域更次之。

3.1.5　历史典型干旱分析

3.1.5.1　1942～1943 年特大干旱

1940 年河南省的北部地区出现了夏秋连旱,1941 年冬天雨雪较少,而 1942 年全年一直处于干旱状态,到 1943 年夏旱干旱才彻底结束,持续时间将近 3 年。当时的雨量站的降雨量资料显示,1942 年降雨量比往年少四到六成。这次严重旱灾的形成原因主要包括自然因素与社会因素。从自然方面上来看,主要原因在于降雨量太少,农作物的需水远得不到满足;而在社会方面,主要是由于国民党政府腐败,而且是抗日战争的最困难阶段,国库空虚,不能充分赈灾。

3.1.5.2　1959～1961 年特大干旱

自 1957 年 7 月的夏旱开始,到 1961 年的秋季,旱情才逐渐结束,干旱的持续时间达到两年之久。具有持续时间较长、受旱害影响的范围较广和灾情比较严重的特点。河南省东部和北部的平原地区,在此次大旱发生期间,还发生了涝碱灾害,加重了灾害程度。

3.1.5.3　1986 年特大干旱

河南省在 1986 年全省都是特大干旱的状态。全省的年均降雨量为 564.9mm,占多年均值的 72%,1985 年冬季,雨雪较少,1986 年春季和夏季,降水量普遍较少。全省的农田受旱面积达到了 545.5 万公顷,且成灾面积达到 355.9 万公顷。降水量的减少导致农业抗旱的需水量较大,水库的蓄水量以及河道的径流量都减少较为严重,使得地下水位发生严重程度的下降。水利条件较好的地区,灌溉工程发挥了很大的作用,使得全省的粮棉生产水平得到保持,而水利条件差的地区,则发生了不同程度的干旱灾害。

3.1.5.4　1999 年特大干旱

河南省全省大部分地区自 1999 年以来发生了持续性干旱,本年的年均降雨量与多年同期的平均降雨量相比,只占到了 50%,且干旱天气持续时间也较长。河南省大部分的中小型河道,不同程度的断流情况出现频繁,且全省的同期地下水位下降值达到 2～4 米,夏季作物的受旱面积为 5300 多万亩,且出现严重受旱的面积占总受旱面积的近 60%,其中农作物的绝收面积为 260 多万亩,占到 5% 左右,这一时期,河南省全省将近 255 万人发生饮水困难。

3.1.5.5　2008～2009 年的大旱年

2008 年 10 月起,省内连续 108 天没有有效降雨,累计降水量仅为 12.6 毫米,且发布了自实行气象预警发布制度以来的第一次干旱红色预警信号。省内的大部分地区都出现了不同程度的干旱,其中,多地区为特大干旱。干旱期间,小麦受旱面积为 4350 多万亩,严重受旱面积 870 多万亩,占总受灾面积的 20%,其中有接近 70 万亩农作物出现了枯死的情况。此次干旱是自 1956 年以来同期最为罕见的干旱,全省农业都收到了极大的损失,由于干旱持续时间较长,受灾严重的山丘区的 42 万人和 9 万头大牲畜因干旱出现了临时饮水困难,影响了群众的正常生活。

3.2　河南省农业干旱成灾机理分析

通过系统论观点分析,农业干旱灾害系统由孕灾环境、致灾因子、承载体和旱情相互作用组成,如图 3-3 所示。本书根据河南省的实际情况对其孕灾环境、致灾因子和承灾体进行分析。

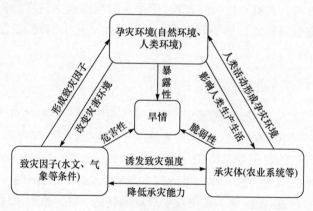

图 3-3　农业旱灾系统

3.2.1　孕灾环境

孕灾环境体现了农业干旱灾害的背景以及环境条件。气候、地形、地貌、土壤、农田水利条件、农作物的种植情况,从根本决定了该区域的农业干旱灾害的基本格局。

3.2.1.1　土壤类型

河南省的土壤由众多的土壤类型构成。河南省的土壤类型有 8 种土类,14 个亚类,土类主要包括黄棕壤、褐土、棕壤、砂姜黑土、红黏土、潮土、盐碱土和水稻土。黄棕壤的主要分布地区是南阳盆地周围和淮河以南的山地丘陵,是北亚热带的地带性土壤;潮土是河南省分布面积最大的土类;棕壤分布于东部广大平原地区伏牛山以北的中山山地;褐土则分布在河南省西部黄土丘陵和太行山以及豫西山地的山前丘岗;砂姜黑土在淮北平原与南阳盆地相对低洼的地区,面积比较大;盐碱土在潮土区的黄河沿岸背河洼地以及其他局部低洼地区,目前经治理面积已经减少。

3.2.1.2　地形与地貌特征

河南省位于华北平原,全省土地总面积为 16.7 万千米^2,平原占总面积的 55.7%,山地占 26.6%,丘陵占 17.7%。河南省的西北部和西部主要土地类型是山地,主要山脉包括太行山、外方山、伏牛山、小秦岭、崤山、熊耳山等,山体海拔大多在 1000 米以上,地势起伏较大。在中山山地的外围是海拔 200~1000 米的低山和丘陵。河南省的中部和东部是大平原,是我国地势第三阶梯的一个组成部分,地形起伏缓和,海拔低于 200 米。海拔的最低处在淮河出省处,高度为 23.2 米。

3.2.1.3　气候条件

河南省位于中东部的中纬度内陆地区,西部地区以及南部地区都是丘陵与山地,东部地区主要是平原且靠近沿海,西部又是欧亚大陆的组成部分,地形特征和海陆温差的影响,使河南省形成了典型的大陆性季风气候。

1) 降水特征

河南省的年均降水量在 550~1120 毫米,从南向北逐渐递减,如下图所示,其中豫北地区年均降雨量在 570 毫米左右,是全省降雨最少的地区,豫中地区年均降雨量为 650 毫米左右,豫南地区年均降雨量为 1104 毫米左右。因受季风影响,降水量年内分配很不均匀,60% 以上的降雨集中地 6~9 月。一年中夏季炎热湿润,雨热同期,冬季寒冷干燥,南北地区性差异显著。图 3-4 为河南省 1951~2010 年降水量变化图。可以看出,河南省降水量年际波动较大,降雨量在时间和空间分布不均,且降水多少及时空分布状况直接影响农作物的需水量,影响作物生长情况,所以降雨量是造成河南省历史农业干旱的主导因素。

2) 气温、蒸发特征

全省由北向南,年均气温为 15.7~12.1℃,1 月份平均气温 −3~3℃,7 月份平均气温 24~29℃,总体上呈东高西低、南高北低的特点,山地与平原间差异比较明显;豫西的山地以及太行山地,由于地势比较高,气温较低,年均气温处于 13℃以下;伏牛山阻挡了南阳盆地,并且北方的冷空气势力减弱,由于地理位置比较偏南,淮南地区的年平均气温都在 15℃以上,这两个地区由于上述原因,是全省两个较为稳定的暖温区。省内气温主要受海拔、地理经纬度的影响,各地的气温季节性变化比较显著,四季分明,冬冷夏热。全省多年平均水面蒸发量 800~1000 毫米,夏季蒸发量较大,蒸发量随温度变化特征明显。年均日照 2000~2600 小时,全年

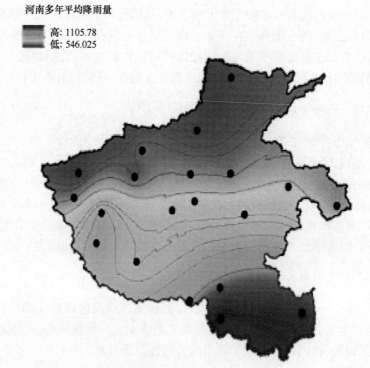

图 3-4　河南省年均降雨量分布图

无霜期 180～240 天,适宜多种农作物生长。图 3-5 为河南省年均蒸发量月分配图,可以看出蒸发随季节的变化特征。

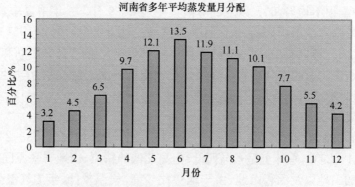

图 3-5　河南省年均蒸发量月分配图

3.2.1.4　水资源概况

河南省是全国水资源较为贫乏的地区之一,全省(1956～2000 年)的当地水资源总量的多年平均值为 403.53 亿米^3,其中包括 302.66 亿米^3 地表水资源总量和

196.00 亿米^3 地下水资源总量,且地表和地下水资源重复总量为 95.13 亿米^3。水资源的可利用总量为 195.24 亿米^3,其中包括 121.97 亿米^3 地表水和 99.35 亿米^{3}地下水,地表和地下水可利用量的重复量为 26.08 亿米^3。

从全国范围看,全国的水资源总量为 28124 亿米^3,河南省的水资源总量占全国的 1.44%,在全国排在第 19 位。河南省内,人均每公顷耕地的平均水资源量占全国人均每公顷耕地水资源量的五分之一,在全国排在第 22 位。纵观河南省全省,水资源分布的特点为西南山丘区水资源较多,而东北平原地区的水资源偏少,全省辖市的水资源总量详见表 3-1。

表 3-1　河南省行政分区水资源总量

省辖市	降水量/毫米	地表水资源量/万米^3	地下水资源量/万米^3	重复计算量/万米^3	水资源总量/万米^3	产水系数
合计	771.1	3039901	1959975	951297	4035600	0.32
郑州	625.7	76781	107585	52522	131844	0.28
开封	658.6	40439	77887	3529	114797	0.28
洛阳	674.5	259950	145762	119846	285866	0.28
平顶山	818.8	156567	79557	52756	183368	0.28
安阳	595.2	83316	69690	22654	130352	0.30
鹤壁	629.2	21853	20971	5789	37035	0.28
新乡	611.6	75212	110906	37318	148800	0.29
焦作	590.8	41534	53221	18219	76536	0.32
濮阳	668.3	18614	44178	6013	56779	0.20
许昌	698.9	41903	61901	15814	87990	0.25
漯河	772.0	33385	37491	6856	64020	0.31
三门峡	675.5	164147	70742	64105	170784	0.25
南阳	826.4	616892	257766	190314	684344	0.31
商丘	723.3	77053	128955	920	198088	0.28
信阳	1105.4	816865	294807	226115	885557	0.42
周口	752.4	127116	169185	31689	264612	0.29
驻马店	896.6	362793	211543	79460	494876	0.37
济源	668.3	25481	17831	10381	32931	0.26

全省的地下水资源量总计为 196.0 亿米^3,其中包括浅层水 178.7 亿米^3 和中深层水 17.3 亿米^3。浅层地下水的可开采量达到 117 亿米^3,主要分布于河南省的大部分的平原地区、盆地和丘陵。包括了山区地区的河谷平原、山间的盆地和广大的黄土丘陵地区。浅层地下水的主要特点包括:埋藏比较浅、存储条件较好、能进

行较快的补给、容易开采利用、富水性比较强等,河南省目前主要的地下水资源开发利用的对象是浅层地下水。

3.2.1.5　水文环境

河南省的入境、过境的河流包括黄河、洛河、漳河、丹江、沁丹河及史河,境内的1500多条河流交错纵横,流域面积在100千米^{2}以上的河道共有493条,其中:流域面积超过10000千米^{2}的有9条,流域面积为5000~10000千米^{2}的有8条,流域面积为1000~5000千米^{2}的有43条,流域面积为100~1000千米^{2}的有433条。入过境水量十分丰富,河南省多年平均实测入过境水量为475亿米^3,相当于省内地表水资源量的1.5倍,特别是黄河干流,横穿北中部干旱地区,多年平均实测入境水量近400亿米^3,其中河南省可用水量为55.4亿米^3,河南省是国内水资源比较贫乏的地区之一,地表水资源量是303.99亿米^3,地下水资源量为196.0亿米^3。水资源的分布西南山区较多,中部平原地区少。

3.2.1.6　社会经济

河南省土地面积为16.55万千米^2,占全国总面积的1.73%左右。自然资源丰富,全省产业布局比较合理,门类较为齐全,能源、通信、交通等基础设施比较完善,科学、教育、文化事业相对发达,综合优势显著,有比较强的经济活力。

截止到2007年年底,全省的总人口数达到9869万人,城镇人口有3389万人,农村人口有6480万人。河南省省内国内生产总值为15044.39亿元,占全国第5,第一、第二与第三产业生产值分别是2207.44亿元,8295.61亿元,4541.34亿元;人均生产总值超过2000美元,同比增长13.8%;经济结构开始不断优化,"三产"结构比例为15.7:55.0:29.3,二、三产业比重达到84.3%。随着人口的不断增长和经济的发展,供水压力进一步增加,耕地面积也进一步减少,森林破坏度增加,水土流失面积增加,这都加剧了干旱等自然灾害的发生。

3.2.2　致灾因子

农业干旱灾害的致灾因子主要是有可能形成干旱并且能造成农作物减产的因素。致灾因子由于农业系统中物质能量的变化发生了比较大的偏离,例如,气象发生变化,使降水量过量减少发生干旱灾害,或者温度偏高导致蒸发量太大从而引起干旱发生;生产生活用水过多导致农业用水较少造成农业干旱;灌溉条件变化引起农业干旱发生。

3.2.2.1　气象条件

河南省降水雨热同期,季节分配不均,是引发农业干旱的主要因素。河南省受大陆性季风气候的影响,这种季风气候是使其水旱灾害频发、交替发生的主要原因。河南省全年气温在 10～15℃,自南向北递减,水面蒸发年内分配不均,南北降雨分布不均。降水量的严重分配不均对河南省干旱影响较大,是形成干旱风险的主要原因。

3.2.2.2　水资源变化

水资源总量不断减少,生产生活用水增加使农业用水减少,造成农业干旱状况加剧。河南省近年来主要的河流径流量逐渐变少,水库蓄水也开始变少,地下水资源量、水库蓄水量的减少导致农业灌溉水量变少,因而导致部分地区干旱发生。全省水资源分布趋势与降雨趋势类似,由南向北递减,全省人均占有水资源量低于全国水平,水资源开发利用效率较低。近年来河南省水体污染加重,农业用水利用效率明显偏低,这些因素导致农业干旱频率增大。

3.2.3　承灾体

我们将灾害发生时承受灾害的主体称为承灾体,农业干旱的承灾体包括农业系统和人类活动区域以及各产业部门。

3.2.3.1　农业人口密度

2009 年,河南省农业人口 6209.0 万人,农业人口密度 371 人/千米^2。农业人口占全省人口的一半以上,人均耕地面积相应较少,耕地压力较大,并且河南省人口增长速度比较快,1950 年为 4282 万人,2007 年达到 9869 万人,增加了一倍多,而 2007 年人口的自然增长率为 4.94‰。对水资源的需求也相应地增加,农业干旱的风险随之加大。

3.2.3.2　农作物种植面积和农业设施

1) 作物种植面积大

农作物播种的面积会影响作物需水,面积越大需水越大,相应的抗旱能力随之下降,干旱发生概率增大。河南省农作物播种面积近年来呈上升趋势,农业需水增大,旱情进一步加剧。

2) 设施农业发展速度较慢,农田水利设施建设薄弱

河南省的设施农业种类比较少,基本是蔬菜。应该加强设施农业的建设规模,鼓励提高农业机械水平,减少劳动力的使用,不仅可以提高农民收入,也可以缓解旱情。省内现有的渠系灌溉利用率较低,且历时较久,设施陈旧老化,对旱灾的抵御能力较弱。省内机电井数量减少,田间配套工程损坏严重,抗旱能力降低。

3.3　本　章　小　结

本章通过对河南省特定的自然地理特征进行分析和历史资料的统计分析,总结出河南省农业干旱的发生的特点:①季节性明显,冬季和春季降雨量最少,秋季次之,夏季降雨最多,干旱出现概率的顺序为夏旱>春旱>秋旱>冬旱。②发生的频率高、受灾面积比大、旱涝时常交替发生。③干旱发生的地域性特征较为明显,豫北、豫西旱灾严重、豫东次之,豫南最小;海河流域、黄河流域旱灾最为严重,淮河流域次之,长江流域最小。

通过对河南省农业干旱成灾机理的分析,得出河南省农业干旱的孕灾环境比较复杂,主要的致灾因子包括地形地貌复杂、土壤种类多样、降水时空分布不均、灌溉能力差、水资源利用效率不高等。由于种植结构和人类活动的影响,承灾体脆弱性比较大,因此干旱风险较大。

第 4 章　河南省典型灌区农业干旱频率分析

4.1　基于最大熵原理的区域农业干旱度概率分布研究

目前,国内外研究农业干旱的方法多是制定出各种各样的干旱评估指标,如土壤湿度指标、土壤有效水分存储量指标、供需水比例、农作物水分指标和温度指标等。具体方法通常有两种:一是由某种评价体系,利用某种评价指标将项目区的旱情划分为轻旱、中旱、重旱等几个程度,这种方法只是定性地对某一年的干旱程度进行分析,未能对项目区农业干旱程度的概率分布进行研究探讨;二是把上述某种干旱指标的计算数据套到一个适合的分布上去,然后检验,若分布通过检验则认为该分布是指导工作的理论模型,该方法的缺陷是在给定的显著水平下,当随机变量对多种概率分布均不拒绝时,无法确定哪种概率模型更能准确描述干旱程度的分布规律。因此如何找到一个通用的生成概率密度函数的方法具有更广泛的实践意义。

近年来,最大熵理论在交通流统计分布[62]、水库泄洪风险研究[63]、海浪波高分布[64]等许多方面的应用都取得了较好的效果。本章引入干旱程度这一干旱给农业造成损失的评估指标,应用最大熵原理,通过对由蒙特卡罗法模拟出的大量干旱度指标的数字特征值进行计算,得到精度较高的区域干旱度概率分布密度函数,进而可以掌握项目区干旱度的分布情况的数学表达式。

4.1.1　农业干旱程度评价指标

作物生育阶段水分的数学模型包含供水时间和数量多少两方面对作物产量的影响,称为时间水分生产函数。该类模型将作物的连续生长过程划分为若干个不同生育阶段,认为在作物相同生育阶段水分具有同效性,在作物不同生育阶段才具有变化。作物不同生育阶段水分对作物产量影响是复杂的[65],一般以作物单一生育阶段水分的数学模型为基础,用数学模型的结构关系表征作物不同生育阶段水分对产量的相互影响。Jensen 构建的 Jensen 模型给出了作物实际产量与作物相对蒸腾量之间的关系,而作物相对蒸腾量与生育阶段相对土壤水分胁迫之间存在某种联系。本书利用 Jensen 模型,以作物各生产阶段的相对土壤水分胁迫为出发点,根据作物在非充分灌溉条件下的减产率,定义出某个区域的干旱程度量化评价指标。

设某一地区共种植 m 种作物,作物 $j(j=1,2,3,\cdots,m)$,生育期分为 $k(k=1,2,3,\cdots,t_j)$ 个阶段,则干旱度评价指标如下:

$$\text{Dr} = \sum_{j=1}^{n}(\text{Dr}_j \cdot w_j) = \sum_{j=1}^{n}\left\{\left[1 - \prod_{k=1}^{t_j}\left(\frac{W_{Ck}^j}{W_{Nk}^j}\right)^{\lambda_k^j}\right] \cdot w_j\right\} \quad (4\text{-}1)$$

$$W_{Ck}^j = w_{0,k}^j + P_k^j + G_k^j + I_k^j \quad (4\text{-}2)$$

$$W_{Nk}^j = T_{Ec,k}^j + w_k^j \quad (4\text{-}3)$$

$$w_{0,1}^j = 1000 \times H_1^j \times n \times \theta_1^j \quad (4\text{-}4)$$

$$w_{0,k}^j = (w_{0,k-1}^j + P_{0,k-1}^j + G_{k-1}^j - T_{Ec,k-1}^j) \times \left(1 + \frac{H_k^j - H_{k-1}^j}{H_{k-1}^j}\right) \quad k=(2,3\cdots,t_j)$$

$$(4\text{-}5)$$

式中,Dr 为评价区域干旱度。

Dr_j 为第 j 种作物的干旱度,$0 \leqslant \text{Dr}_j \leqslant 1$,$\text{Dr}_j = 0$,表示该作物不减产,不存在水分亏缺现象,$\text{Dr}_j = 1$,表示作物无收成,水分亏缺程度达到最大;与传统干旱度划分相对应,按减产率做如下划分:$\text{Dr} \leqslant 0.2$ 为无旱,$0.2 < \text{Dr} \leqslant 0.4$ 为轻旱,$0.4 < \text{Dr} \leqslant 0.6$ 为中旱,$0.6 < \text{Dr} \leqslant 0.8$ 为重旱,$\text{Dr} > 0.8$ 为特旱。w_j 为第 j 种作物所占的权重,以经济损失大小为依据进行分析[4];λ_k^j 为作物 j 第 k 阶段的敏感系数;W_{Ck}^j 为作物 j 第 k 阶段的供水量,毫米;$w_{0,k}^j$ 为作物 j 第 k 阶段土壤初始储水量供水量,毫米;$P_{0,k}^j$ 为作物 j 第 k 阶段时的有效降雨量,毫米;G_k^j 为作物 j 第 k 阶段时的地下水补给量,毫米;I_k^j 为作物 j 第 k 阶段时的净灌水量,毫米;W_{Nk}^j 为作物 j 第 k 阶段的需水量,毫米;$T_{Ec,k}^j$ 为作物 j 第 k 阶段的蒸发蒸腾量,毫米;w_k^j 为作物 j 第 k 阶段正常生长发育所允许的最小土壤贮水量界限值,毫米;H_k^j 为作物 j 第 k 阶段时的土壤计划湿润层深,米;θ_1^j 为作物 j 第 1 阶段时的土壤含水率(以占土壤空隙体积的百分比计)。

4.1.2 最大熵原理在概率分布模型上的应用

熵是来自热力学的一个概念。在哲学和统计物理中熵被解释为物质系统的混乱和无序程度。1948 年,香农(Shannon) 把玻尔兹曼熵的概念引入信息论并把熵作为一个随机事件的不确定性或信息量的量度。信息论则认为它是信息源的状态的不确定程度。

1957 年,杰尼斯(Jaynes)从信息熵最大为出发点,首先提出最大熵原理。最大熵原理认为:在只掌握部分信息的情况下对未知的分布形态做出推断,应该选择符合约束条件同时信息熵值取最大的那个概率分布,任何其他的选择都意味着我们添加了其他的约束或条件,这些约束或假设根据我们所掌握的信息是无法做出的。基于该原理,假设已获取项目区 L 年的干旱程度指标,则可建立如下目标方程:

$$\max H_{Dr} = -\max \int_R f(Dr) \ln[f(Dr)] dDr \tag{4-6}$$

$$\text{s. t.} \int_R f(Dr) dDr = 1 \tag{4-7}$$

$$\int_R f(Dr) Dr^i dDr = m_{Dr,i}, \quad i = 1, 2, \cdots, m \tag{4-8}$$

式中,H_{Dr} 为干旱度指标的信息熵;$f(Dr)$ 为干旱度指标概率分布的密度函数;$m_{Dr,i}$ 为 L 年干旱度指标的第 i 阶原点矩(m 一般取 3~5)。

通过分析可求得基于最大熵原理的干旱度概率分布的密度函数解析式为

$$f(Dr) = \exp\left[\delta_0 + \sum_{i=1}^m \delta_i \cdot Dr^i\right] \tag{4-9}$$

式中,δ_i 为拉格朗日乘子,可采用极大似然估计法进行求解,δ_0 为 $\delta(i=1,2,\cdots,m)$ 的函数。将式(4-9)代入式(4-7)可得

$$\delta_0 = -\ln \int_R \exp(\delta_i \cdot Dr^i) dDr \tag{4-10}$$

该密度函数的其极大估计似然估计如下:

$$L(\delta_1, \delta_2, \cdots, \delta_m) = \prod_{l=1}^L \exp\left[\delta_0 + \sum_{i=1}^m \delta_i \cdot Dr_l^i\right] \tag{4-11}$$

对数似然函数为

$$\ln L(\delta_1, \delta_2, \cdots, \delta_m) = L\delta_0 + \sum_{i=1}^m \delta_i \cdot m_{Dr,i} \tag{4-12}$$

对 δ_i 求偏导,并令其为 0,可得

$$m_{Dr,i} = \int_R Dr^i \cdot \exp\left(\sum(\delta_i \cdot Dr^i)\right) dDr \Big/ \int_R \exp\left(\sum(\delta_i \cdot Dr^i)\right) dDr \tag{4-13}$$

该式为包含 $\delta_1, \delta_2, \cdots, \delta_m$ 的 m 次非线性方程组,可通过 Matlab 求解方便求得,代入式(4-10),可求得 δ_0。

4.1.3　基于最大熵原理的蒙特卡罗法在农业干旱度研究上的应用

最大熵方法产生概率密度函数的精度取决于样本容量及其上下界值的选定。样本量如果太小,高阶矩的统计值会因误差较大而失去意义。若研究区域降雨资

料足够长,且具有很好的代表性,则通过式(4-1)～式(4-5),可计算出逐年的干旱度指标,然后求解式(4-6)～式(4-8)所建立的目标方程可得项目区的干旱度概率分布情况。但很多地区,往往不能获得代表性足够好的长系列降雨资料。对于这种情况,可通过蒙特卡罗法则加以解决。

蒙特卡罗方法又称统计模拟法、随机抽样技术,是一种随机模拟方法,是以概率和统计理论方法为基础的一种计算方法,通过蒙特卡罗法可模拟出符合某种分布的样本序列。对于降雨事件(服从 P-III 型分布),只要知道三个统计参数 $(\bar{X}, Cv, Cs)$,就可以根据需要生成任意样本容量的降雨资料,从而解决项目区降雨资料代表性不足的问题。

基于最大熵原理的蒙特卡罗法在农业干旱度研究模型建立的主要步骤如下:

(1) 通过对作物观测期作物生长期降雨量的分析,选择具有代表性的丰水年、偏丰水年、中水年、偏枯水年、枯水年;

(2) 根据项目区降雨资料的统计参数 $(\bar{X}, Cv, Cs)$ 由蒙特卡罗方法随机生成容量为 L 的研究区降水量样本数据 P,并根据距离贴近原则对降雨量进行降雨年内分配计算;

(3) 对于任意一个样本数据 R,由式(4-1)～式(4-5)计算出相应的农业干旱程度,这样就可以得到 L 个农业干旱度指标 $Dr_l(l=1,2,3,\cdots,L_1)$;

(4) 对 L 个干旱对指标,计算其 m 阶原点距(一般为 3～5 阶,根据拟合结果选择),由式(4-6)～式(4-8)优化准则计算出项目区的农业干旱程度分布的密度函数。

4.1.4　渠村灌区农业干旱度概率分布研究

河南省渠村引黄灌区位于濮阳市西部,属东亚季风区,该区降水参数为 $\bar{X}=578$ 毫米,$Cv=0.29$,$Cs=2Cv$。灌区内农作物种植面积为 22.91 万公顷,主要作物为小麦、玉米和棉花。现以渠村灌区为例来分析该区域的干旱度分布。

由当地的气象、地质和水文等资料,经计算整理后的数据如表 4-1～表 4-3 所示。

表 4-1　作物第一生育阶段的初始土壤含水量及作物权重

作物	小麦	玉米	棉花
初始土壤含水量/毫米	60	60	80
作物的权重	0.45	0.39	0.16

表 4-2　作物各项参数

阶段	敏感系数	腾发量/毫米	计划湿润层深/米	允许最小土壤储水量/毫米
小麦播种-分蘗	0.1156	43.546	0.3	27
越冬	0.1146	74.852	0.3	27
返青	0.1105	47.795	0.4	27
拔节	0.3148	97.139	0.5	27
抽穗-成熟	0.2454	216.43	0.6	36
玉米播种-拔节	0.3401	51.87	0.3	27
拔节-抽穗	0.4005	92.65	0.5	27
抽穗-乳熟	0.7203	118.40	0.5	36
乳熟-收获	0.5002	54.18	0.6	36
棉花幼苗期	0.0390	40.339	0.4	44
现蕾	0.1238	234.18	0.5	58
开花-结铃	0.2429	283.887	0.6	56
吐絮	0.0851	140.533	0.6	40

表 4-3　降水年内分配比例

月份	丰水年	偏丰年	平水年	偏枯年	枯水年
10	0.018	0.0591	0.0664	0.0903	0.1794
11	0.0339	0.0182	0.0314	0.0511	0.0671
12	0.0071	0.0055	0.0089	0.0203	0
1	0.0173	0.0131	0.0136	0.0018	0
2	0.0252	0.0197	0.0216	0.004	0.0291
3	0.0451	0.0278	0.0319	0.0353	0.0789
4	0.0981	0.0575	0.0548	0.0438	0.0425
5	0.1131	0.0598	0.0911	0.0965	0.0687
6	0.0825	0.1263	0.1176	0.0917	0.1462
7	0.2225	0.2493	0.2813	0.2426	0.2314
8	0.2661	0.2357	0.1829	0.2274	0.0794
9	0.0713	0.1278	0.0984	0.0854	0.0772

　　计算结果随模拟数据样本容量的增加,逐渐趋于稳定,当超过 10000 个降雨资料数据时,农业干旱度频率分布趋于稳定。本书以 20000 次模拟结果为例加以说明。通过模拟计算,落入各统计区间的频率见表 4-4。

表 4-4 农业干旱度频率分布

干旱程度	0~0.1	0.1~0.2	0.2~0.3	0.3~0.4	0.4~0.5
频率	0.0005	0.007	0.051	0.187	0.2245
干旱程度	0.5~0.6	0.6~0.7	0.7~0.8	0.8~0.9	0.9~1.0
频率	0.308	0.1855	0.0325	0.003	0.001

采用 5 阶样本矩进行计算,基于最大熵原理的密度函数为

$$f(Dr) = \exp[-7.6751 + 54.8751Dr - 188.583Dr^2 + 432.7073Dr^3$$
$$-518.511Dr^4 + 222.8327Dr^5]$$

根据样本值可以作出它的直方图,同时用 5 阶样本矩做出它的最大熵分布,如图 4-1 所示。从其密度函数曲线可以看出,最大熵法对农业干旱程度给出了很好的拟合,可对农业干旱程度给出定量的评价。文献[66]通过对该灌区干旱度进行 W 检验,认为该区域的干旱度分布符合正态分布,但该方法具有一定的局限性。因为它并不能排除符合其他分布的可能性,也不能证明正态分布就是最优的分布形式。而这正是本书采用的最大熵法确定的分布函数的优点所在。

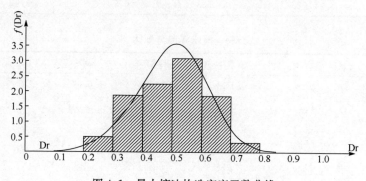

图 4-1 最大熵法构造密度函数曲线

4.2 基于作物生育阶段降雨量的区域农业干旱频率分析

Copula 函数不受各单变量边际分布类型的影响,可以方便地用于构建变量联合分布模型,目前在水文事件多元频率分析中得到了广泛应用。闫宝伟等[67]应用 Copula 函数分别构造了最大洪水发生时间及发生时间与其量级之间的联合分布;冯平等[68]采用 Gumbel Copula 构造降雨量和入境水量的联合分布;刘曾美等[69]采用 Copula 函数构建了区间暴雨和外江洪水位的联合分布模型;Genest 等[70]基于 Copula 函数建立洪峰洪量联合分布模型。在干旱研究方面,Copula 函数也有大量的应用并取得一定成果,陆桂华等采用 Copula 进行区域水文干旱频率、分布

研究[71];陈永勤等[72]、李计等[73]采用 Copula 函数进行了流域干旱频率分析;于艺等[74]采用 Copula 函数进行多变量干旱特征分析;孙可可等[75]结合 Copula 函数建立抗旱能力指数与干旱频率的对应关系,得到实际抗旱能力下的农业旱灾损失风险曲线。

以上应用 Copula 针对干旱事件的研究往往采用游程理论从长期实测资料中提取干旱指标(如干旱研究中常用的干旱历时、干旱烈度、干旱强度等),然后进行 Copula 拟合,从而分析研究区域的干旱分布状况。该方法在系统刻画研究区域干旱特性,分析区域水文干旱、气象干旱特性方面作用显著。但由于作物不同生育阶段生长需水量存在差异,而不同生育阶段缺水对作物产量影响也不相同,而上述方法不能得出作物不同生育阶段作物水分亏缺的概率分布状况,因此,该方法在分析农业干旱方面稍显不足。

我国北方大部分区域,农业干旱问题突出,分析研究区域农业干旱特征,对于加强对干旱的预防和应急管理,促进区域水资源的合理配置具有重要意义[76]。本章采用 Archimedean Copula 函数,结合干旱度指标对作物生育阶段降雨量进行分期划分,构建相邻生育阶段降雨量二维联合分布函数、分析研究该地区的作物生育阶段干旱特征,以期为区域干旱管理提供理论依据。

4.2.1　Copula 理论

4.2.1.1　Copula 函数的定义

1959 年,Sklar 提出了 Copula 的概念[39],如果二元函数 $C: I^2 \rightarrow I, I = [0, 1]$,对于所有 $t \in I$,满足下列条件:

(1) $C(t, 0) = C(0, t) = 0$;

(2) $C(t, 1) = C(1, t) = t$;

(3) 对 I 中的任意的 u_1, u_2, v_1, v_2,且 $u_1 \leqslant u_2, v_1 \leqslant v_2$,有

$$C(u_2, v_2) - C(u_2, v_1) - C(u_1, v_2) + C(u_1, v_1) \geqslant 0 \tag{4-14}$$

则称 C 为 Copula 函数。

Sklar 又指出,设随机变量 X, Y 具有联合分布函数 $F(x, y)$,边缘分布函数分别为 $F_X(x), F_Y(y)$。则存在一个 Copula 对于所有的 $x \in I, y \in I$,有 $F(x, y) = C(F_X(x), F_Y(y))$。若 $F_X(x)$ 与 $F_Y(y)$ 为连续型函数,则 C 是唯一的,且联合分布密度函数可记为

$$c(u, v) = \frac{\partial^2 C(u, v)}{\partial u \partial v} = f(x, y) = c(F_X(x), F_Y(y)) f_X(x) f_Y(y) \tag{4-15}$$

4.2.1.2　Copula 函数类型

Copula 函数种类有很多,主要有椭圆 Copula 函数、二次型 Copula 、Archimedean Copula 函数、Plackett Copula 函数等,其中 Archimedean Copula 函数是本章的主要研究对象。现在,分别对这几种常见的 Copula 函数进行介绍。

1) 椭圆 Copula 函数

常用的椭圆 Copula 函数主要有 Gaussian Copula 函数和 Student t Copula 函数。

a) Meta-Gaussian Copula

Meta-Gaussian Copula 分布函数为

$$C(u_1, u_2, \cdots, u_d; \boldsymbol{\Sigma}) = \Phi_\Sigma(\Phi^{-1}(u_1), \cdots, \Phi^{-1}(u_d))$$

$$= \int_{-\infty}^{\Phi^{-1}(u_1)} \cdots \int_{-\infty}^{\Phi^{-1}(u_d)} \frac{1}{(2\pi)^{\frac{d}{2}} |\boldsymbol{\Sigma}|^{\frac{1}{2}}} \exp\left(-\frac{1}{2} \boldsymbol{w}^{\mathrm{T}} \boldsymbol{\Sigma}^{-1} \boldsymbol{w}\right) \mathrm{d}\boldsymbol{w} \qquad (4\text{-}16)$$

式中,$\Phi^{-1}(\cdot)$ 为标准正态分布的逆函数;$\Phi_\Sigma(\Phi^{-1}(u_1), \cdots, \Phi^{-1}(u_d))$ 为多元正态分布函数;$\boldsymbol{\Sigma} = \begin{bmatrix} 1 & \cdots & \rho_{1d} \\ \vdots & & \vdots \\ \rho_{d1} & \cdots & 1 \end{bmatrix}$,$\rho_{ij} = \begin{cases} 1; i = j \\ \rho_{ji}; i \neq j \end{cases}$,$-1 \leqslant \rho_{ij} \leqslant 1$;$d$ 为随机变量的维数;$\boldsymbol{w}$ 为积分变量矢量,$\boldsymbol{w} = [w_1, w_2, \cdots, w_d]^{\mathrm{T}}$。其概率密度函数为

$$c(u_1, u_2, \cdots, u_d; \boldsymbol{\Sigma}) = \frac{\partial^d C(u_1, u_2, \cdots, u_d; \boldsymbol{\Sigma})}{\partial u_1 \cdots \partial u_d}$$

$$= |\boldsymbol{\Sigma}|^{-\frac{1}{2}} \exp\left[-\frac{1}{2}(\boldsymbol{\zeta}^{\mathrm{T}} \boldsymbol{\Sigma}^{-1} \boldsymbol{\zeta} - \boldsymbol{\zeta}^{\mathrm{T}} \boldsymbol{\zeta})\right] \qquad (4\text{-}17)$$

式中,$\boldsymbol{\zeta} = [\Phi^{-1}(u_1) \quad \cdots \quad \Phi^{-1}(u_d)]^{\mathrm{T}}$。

b) Student t Copula

Meta Student t Copula 分布函数为

$$C(u_1, u_2, \cdots, u_d; \boldsymbol{\Sigma}, v) = T_{\Sigma, v}(T_v^{-1}(u_1), \cdots, T_v^{-1}(u_d))$$

$$= \int_{-\infty}^{T_v^{-1}(u_1)} \cdots \int_{-\infty}^{T_v^{-1}(u_d)} \frac{\Gamma\left(\frac{v+d}{2}\right)}{\Gamma\left(\frac{v}{2}\right)} \frac{1}{(\pi v)^{\frac{d}{2}} |\boldsymbol{\Sigma}|^{\frac{1}{2}}} \left(1 + \frac{\boldsymbol{w}^{\mathrm{T}} \boldsymbol{\Sigma}^{-1} \boldsymbol{w}}{v}\right)^{-\frac{v+d}{2}} \mathrm{d}\boldsymbol{w} \qquad (4\text{-}18)$$

式中,$T_v^{-1}(\cdot)$ 为单变量 Student t 分布的逆函数;$T_{\Sigma, v}(T_v^{-1}(u_1), \cdots, T_v^{-1}(u_d))$ 为多元 Student t 分布函数;$\boldsymbol{\Sigma}$ 为对称协方差矩阵,$\boldsymbol{\Sigma} = \begin{bmatrix} 1 & \cdots & \rho_{1d} \\ \vdots & & \vdots \\ \rho_{d1} & \cdots & 1 \end{bmatrix}$,$\rho_{ij} = \begin{cases} 1; i = j \\ \rho_{ji}; i \neq j \end{cases}$,$-1 \leqslant \rho_{ij} \leqslant 1$;$d$ 为随机变量的维数;$\boldsymbol{w}$ 为积分变量矢量,$\boldsymbol{w} = [w_1, w_2, \cdots, w_d]^{\mathrm{T}}$。其概率密度函数为

$$c(u_1, u_2, \cdots, u_d; \boldsymbol{\Sigma}, \upsilon) = \frac{\partial^d C(u_1, u_2, \cdots, u_d; \boldsymbol{\Sigma}, \upsilon)}{\partial u_1 \cdots \partial u_d}$$

$$= |\boldsymbol{\Sigma}|^{-\frac{1}{2}} \frac{\Gamma\left(\frac{\upsilon+d}{2}\right)}{\Gamma\left(\frac{\upsilon}{2}\right)} \left[\frac{\Gamma\left(\frac{\upsilon}{2}\right)}{\Gamma\left(\frac{\upsilon+1}{2}\right)}\right]^d \frac{\left(1 + \frac{\boldsymbol{\zeta}^{\mathrm{T}} \boldsymbol{\Sigma}^{-1} \boldsymbol{\zeta}}{\upsilon}\right)^{-\frac{\upsilon+d}{2}}}{\prod_{j=1}^{d} \left(1 + \frac{b_j^2}{\upsilon}\right)^{-\frac{\upsilon+1}{2}}} \tag{4-19}$$

2）二次型 Copula

主要指 Farlie-Gumbel-Morgenstern 族分布函数，连接两变量的 FGM 族 Copula函数定义为

$$C(u_1, u_2) = u_1 u_2 + \alpha u_1 u_2 (1 - u_1)(1 - u_2) \tag{4-20}$$

式中，α 是 Copula 函数参数，它的取值范围是 $[-1, 1]$。

3）Archimedean Copula 函数

Archimedean Copula 函数是应用较为广泛的一类 Copula 函数，主要分为对称型 Archimedean Copula 函数和非对称型 Archimedean Copula 函数两大类。表 4-5 列出了四种常用 Copula 函数，本章研究过程中亦是基于此四种 Copula 函数进行干旱特性分析研究的。

表 4-5　四种常用的二维 Archimedean Copula 函数

序号	函数名称	$C(u_1, u_2)$	参数范围
1	Gumbel-Houggard	$e^{-\left[(-\ln u_1)^\theta + (-\ln u_2)^\theta\right]^{\frac{1}{\theta}}}$	$[1, \infty)$
2	Frank	$-\frac{1}{\theta}\ln\left[1 + \frac{(e^{-\theta u_1} - 1)(e^{-\theta u_2} - 1)}{e^{-\theta} - 1}\right]$	$[-\infty, \infty) \backslash \{0\}$
3	Ali-Mikhail-Haq	$\frac{u_1 u_2}{1 - \theta(1 - u_1)(1 - u_2)}$	$[-1, 1)$
4	Clayton	$\max\left[(u_1^{-\theta} + u_2^{-\theta} - 1)^{-\frac{1}{\theta}}, 0\right]$	$[-1, \infty] \backslash \{0\}$

a）对称型

简称 SAC，其生成函数具有完全单调性，其 m 维结构为

$$C(u_1, u_2, \cdots, u_n) = \phi^{-1}(\phi(u_1) + \phi(u_2) + \cdots + \phi(u_m)) \tag{4-21}$$

式中，ϕ 满足 $\phi(0) = \infty$，$\phi(1) = 0$，对于任意的 $0 \leqslant t \leqslant 1$，有 $\phi'(t) < 0$，$\phi''(t) > 0$。以三维为例，介绍对称型 Archimedean Copula 函数中几种常用的 Copula 函数。

Gumbel-Hougaard(GH)Copula：

$$C(u_1, u_2, u_3) = \exp\left\{-\left[(-\ln u_1)^\theta + (-\ln u_2)^\theta + (-\ln u_3)^\theta\right]^{(1/\theta)}\right\}, \quad \theta \in [1, \infty) \tag{4-22}$$

Clayton Copula：

$$C(u_1,u_2,u_3)=(u_1^{-\theta}+u_2^{-\theta}+u_3^{-\theta}-2)^{(-1/\theta)}, \quad \theta\in(0,\infty) \tag{4-23}$$

Ali-Mikhail-Haq(AMH)Copula：

$$C(u_1,u_2,u_3)=u_1u_2u_3/[1-\theta(1-u_1)(1-u_2)(1-u_3)], \quad \theta\in[-1,1) \tag{4-24}$$

Frank Copula：

$$C(u_1,u_2,u_3)=-\frac{1}{\theta}\ln\left[1+\frac{(\exp(-\theta u_1)-1)(\exp(-\theta u_2)-1)(\exp(-\theta u_2)-1)}{(\exp(-\theta)-1)^2}\right],\theta\in R \tag{4-25}$$

式中，C 为三维 Copula；u_1,u_2 和 u_3 分别表示边缘分布函数，$u_1=F_1(x_1)$，$u_2=F_2(x_2)$，$u_3=F_3(x_3)$；θ 为 Copula 函数的参数。

b) 非对称型

简称 AAC，是基于二维 Archimedean Copula 研究提出的一种"fully nested" Copula，以 m 维为例，其结构形式表示如下：

$$C(u_1,\cdots,u_m)=C_1(u_m,C_2(u_{m-1},\cdots,C_{m-1}(u_2,u_1)\cdots))$$
$$=\varphi_1^{-1}(\varphi_1(u_m)+\varphi_1(\varphi_2^{-1}(\varphi_2(u_{m-1})+\cdots+\varphi_{m-1}^{-1}(\varphi_{m-1}(u_2)+\varphi_{m-1}(u_1))\cdots))) \tag{4-26}$$

4) Plackett Copula 函数

基于交叉积率的 Plackett Copula 函数二维表达形式表示为

$$\psi_{X_1X_2}=\frac{P(X_1\leqslant x_1,X_2\leqslant x_2)P(X_1>x_1,X_2>x_2)}{P(X_1>x_1,X_2\leqslant x_2)P(X_1\leqslant x_1,X_2>x_2)} \tag{4-27}$$

式中，X_1 和 X_2 为两个随机变量；x_1,x_2 分别表示 X_1 和 X_2 的取值。如果 $\psi_{X_1X_2}=1$，X_1 和 X_2 相互独立；如果 $\psi_{X_1X_2}>1$，X_1 和 X_2 是正相关；如果 $\psi_{X_1X_2}<1$，X_1 和 X_2 是负相关。用 Copula 函数表示为

$$\psi_{U_1U_2}=\frac{C_{U_1U_2}(u_1,u_2)[1-u_1-u_2+C_{U_1U_2}(u_1,u_2)]}{\{u_1-C_{U_1U_2}(u_1,u_2)[u_2-C_{U_1U_2}(u_1,u_2)]\}} \tag{4-28}$$

$\psi_{U_1U_2}$ 是函数 $C_{U_1U_2}(u_1,u_2)$ 的一个隐函数，因此 Plackett Copula 函数表示为 $C_{U_1U_2}(u_1,u_2)$

$$=\frac{[1+(\psi_{U_1U_2}-1)(u_1+u_2)]-\sqrt{[1+(\psi_{U_1U_2}-1)(u+v)]^2-4u_1u_2\psi_{U_1U_2}(\psi_{U_1U_2}-1)}}{2(\psi_{U_1U_2}-1)} \tag{4-29}$$

其密度函数可表示为

$$c_{U_1U_2}=\frac{\partial^2 C_{U_1U_2}}{\partial u\partial v}=\frac{\psi_{U_1U_2}[1+(\psi_{U_1U_2}-1)(u_1+u_2-u_1u_2)]}{\{[1+(\psi_{U_1U_2}-1)(u_1+u_2)]^2-4u_1u_2\psi_{U_1U_2}(\psi_{U_1U_2}-1)\}^{3/2}} \tag{4-30}$$

4.2.1.3　Copula 参数估计

Copula 函数参数估计公式求解如下：

先求解边缘分布函数参数估计

$$
\begin{cases}
L(\alpha_i) = \sum_{t=1}^{n} \log f(x_{it}, \alpha_i) \\
\dfrac{\partial L(\alpha_i)}{\partial \alpha_i} = 0
\end{cases}
\tag{4-31}
$$

然后在此基础上联立求解方程

$$
\begin{cases}
L(\boldsymbol{\theta}) = \sum_{i=1}^{n} \log c\left[F_1(x_1, \alpha_1), \cdots, F_k(x_1, \alpha_k); \boldsymbol{\theta}\right] \\
\dfrac{\partial L(\boldsymbol{\theta})}{\partial \boldsymbol{\theta}} = 0
\end{cases}
\tag{4-32}
$$

得到 Copula 函数对应参数估计值。式中，$\boldsymbol{\theta}$ 为参数集；α_i 为边缘分布函数参数；F_k 为边缘分布函数；$f(\cdot)$ 为对应的密度函数；$c(\cdot)$ 则为 Copula 函数的密度函数。

4.2.1.4　Copula 函数拟合度评价

对于多个 Copula 函数，评价各类型函数拟合度效果的方法有：

1）AIC 信息准则法

AIC 信息准则法包括两个部分：Copula 函数拟合的偏差与 Copula 函数参数个数导致的不稳定性，AIC 可以表达为

$$
\text{MSE} = \frac{1}{n} \sum_{i=1}^{n} (P_{ei} - P_i)^2
\tag{4-33}
$$

$$
\text{AIC} = n\ln(\text{MSE}) + 2m
\tag{4-34}
$$

$$
P_{ei} = \frac{i - 0.44}{n + 0.12}
\tag{4-35}
$$

式中，P_{ei} 为经验概率；P_i 为理论频率；m 为模型参数个数；n 为样本容量。评价依据为，AIC 数值越小则说明拟合度越好。

2）OLS 准则法

离差平方和最小准则（OLS）的计算公式为

$$
\text{OLS} = \sqrt{\frac{1}{n} \sum_{i=1}^{n} (P_{ei} - P_i)^2}
\tag{4-36}
$$

式中，P_i 为理论频率；P_{ei} 为经验频率；n 为样本容量。

4.2.2　作物干旱指标与生育阶段降雨量

作物生育阶段水分的数学模型,包含供水时间和数量多少两方面对作物产量的影响,称为时间水分生产函数。该类模型将作物的连续生长过程划分为若干个不同生育阶段,认为在作物相同生育阶段水分具有同效性,在作物不同生育阶段才具有变化。结合 Jensen 模型可定义出作物干旱度指标[76],见式(4-37)~式(4-41)。

$$Dr = \left[1 - \prod_{k=1}^{t} \left(\frac{W_{Ck}}{W_{Nk}} \right)^{\lambda_k} \right] \tag{4-37}$$

$$W_{Ck} = w_k + P_k + G_k + I_k \tag{4-38}$$

$$W_{Nk} = T_{E,k} + w_k \tag{4-39}$$

$$w_0 = 1000 \times H_1 \times \eta \times \theta_1 \tag{4-40}$$

$$w_k = (w_{k-1} + P_{k-1} + G_{k-1} - T_{E,k-1}) \times \left(1 + \frac{H_k - H_{k-1}}{H_{k-1}} \right), \quad k = 1, 2, \cdots, t \tag{4-41}$$

式中,Dr 为评价区域干旱度,$0 \leqslant Dr \leqslant 1$,表示该作物不减产,不存在水分亏缺现象,$Dr=1$,表示作物无收成,水分亏缺程度达到最大;$Dr=0$,表示作物丰收,水分不亏缺;$\lambda_k$ 为作物 k 阶段的敏感系数;W_{Ck} 为作物第 k 阶段的供水量,毫米;w_0 为作物的土壤初始贮水量供水量,毫米;P_k 为作物第 k 阶段时的有效降雨量,毫米;G_k 为作物第 k 阶段时的地下水补给量,毫米;I_k 为作物第 k 阶段时的净灌水量,毫米;W_{Nk} 为作物第 k 阶段的需水量,毫米;$T_{E,k}$ 为作物第 k 阶段的蒸发蒸腾量,毫米;w_k 为作物第 k 阶段正常生长发育所允许的最小土壤贮水量界限值,毫米;H_k 为作物第 k 阶段时的土壤计划湿润层深,米;θ_1 为作物第 1 阶段时的土壤含水率(以占土壤空隙体积的百分比计),t 为作物生育阶段。

作物干旱度指标反映了区域在特定水文、气象、土壤及灌溉条件下由于缺水引起的作物减产情况。从以上公式可以看出,对于一个特定地区,作物敏感系数 λ_k、需水量 W_{Nk} 是相对稳定的,作物干旱度指标主要与作物各阶段供水量有关。供水量 W_{Ck} 包括了四项内容,其中,对于北方地区,地下水埋深较大,G_k 可忽略不计;w_k 主要由前期降雨量决定(w_{k-1} 主要受更前期的降雨量影响,$T_{E,k-1}$ 相对稳定,G_{k-1} 忽略不计);阶段净灌水量 I_k 主要受人类活动影响,非自然因素;P_k 为影响供水量的主要指标,自然因素。通过上述分析可知,对于北方某一特定区域,在不考虑灌溉的情况下,各生育阶段降雨量为该区域干旱度的主要影响因素,如果能够对某种作物不同生育阶段降雨量及不同阶段之间的联系做一系统刻画,即可全面了解该区域的农业干旱状况,并针对旱情为不同阶段灌溉水量进行预估,从而为整个区域水资源调度提供依据。

4.2.3　基于生育阶段降雨量的两变量联合分布及检验

4.2.3.1　各生育阶段降雨量单变量分布及检验

根据 Sklar 定理,单变量概率分布即为多变量联合分布的边缘分布函数,合理确定单变量分布对最终确定的 Copula 函数的精确性有重要意义。大量数据分析计算表明,即使同为生育期降雨量,它们最佳分布函数类型也可能是不一致的,因此,对于不同的生育阶段,必须分别分析其分布函数。参考现有干旱水文干旱单变量分布研究成果,选定若干个备选分布函数,针对不同的分布函数对研究区各生育阶段降雨数据进行适线,然后根据经验点据与理论曲线的配合情况,选定各生育周期边缘分布类型。本章备选的单变量分布函数有 Gamma、Weibull、Exponential、Lognormal、Normal。

对于某个生育阶段的降雨量,本书首先采用极大似然法(MLM)估计各备选分布函数的统计参数,然后进行分布函数的拟合度检验与评价,并最终选定该生育阶段降雨量的分布类型。具体检验评价步骤如下:

(1) 给定置信水平 α,本书取 90%;

(2) 利用传统的 χ^2 检验在给定置信水平条件下各备选分布函数是否通过检验;

(3) 若多个分布函数均通过检验,则进一步采用的是离差平方和最小准则(OLS)进行评价并最终选取该生育阶段降雨量的分布函数,OLS 的计算公式为

$$\text{OLS} = \sqrt{\frac{1}{n}\sum_{i=1}^{n}(P_{ei} - P_i)^2} \tag{4-42}$$

式中,P_i 为理论频率;P_{ei} 为经验频率;n 为样本容量。

采用该方法可确定各生育阶段降雨量的分布函数类型及其统计参数。

4.2.3.2　相依性度量

在用 Copula 函数描述变量间的相关性结构之前,还必须进行单变量相关性分析,以考察各变量之间的相关程度,确保它们是非独立的。相关系数是衡量随机变量之间相关性常用的指标,本书 Spearman 相关系数 r_n 描述相邻生育阶段两两之间的相关关系,即

$$r_n = \frac{\sum_{i=1}^{n}(x_i - \bar{x})(y_i - \bar{y})}{n\sqrt{S_x^2 S_y^2}} \tag{4-43}$$

式中,$\bar{x},\bar{y}$ 为样本均值;S_x^2,S_y^2 为样本方差。

4.2.3.3　基于 Copula 函数的分布及检验

本书采用分步法计算 Copula 函数的统计参数,即当各生育期降雨量分布确定以后,再对相邻两个生育周期降雨量进行 Copula 拟合。对于某个选定的 Copula 函数,仍采用 MLM 法进行估计,即求解方程组(4-35)即可得到 Copula 函数对应参数估计值。

$$
\begin{cases}
L(\boldsymbol{\theta}) = \sum_{i=1}^{n} \log c \left[F_1(x_1, \alpha_1), \cdots, F_k(x_1, \alpha_k); \boldsymbol{\theta} \right] \\
\dfrac{\partial L(\boldsymbol{\theta})}{\partial \boldsymbol{\theta}} = 0
\end{cases}
\tag{4-44}
$$

式中,$\boldsymbol{\theta}$ 为参数集;α_i 为边缘分布函数参数;F_k 为边缘分布函数;$c(\cdot)$ 则为 Copula 函数的密度函数。

对于多个 Copula 函数,本书采用 AIC 信息准则法对其进行优越性评价。AIC 信息准则包括两个部分:Copula 函数拟合的偏差与 Copula 函数参数个数导致的不稳定性,AIC 表达为

$$
\mathrm{MSE} = \frac{1}{n} \sum_{i=1}^{n} (P_{ei} - P_i)^2
\tag{4-45}
$$

$$
\mathrm{AIC} = n \ln(\mathrm{MSE}) + 2m
\tag{4-46}
$$

$$
P_{ei} = \frac{i - 0.44}{n + 0.12}
\tag{4-47}
$$

式中,P_{ei} 为经验概率;P_i 为理论频率;m 为模型参数个数;n 为样本容量。判断依据为,AIC 数值越小则说明拟合度越好。

4.2.4　二维组合概率和重现期

为了更好地论述不同生育周期联合概率及其重现期,现对不同生育周期降雨量变量以 $jyl_i (i=0,1,2,\cdots,n)$ 表示,i 代表不同的生育阶段,0 阶段为作物播种前的前期降雨阶段,n 为某作物划分的生育阶段总数。各生育阶段对应的边缘分布记为 $u_i (i=0,1,2,\cdots,n)$。作为二维分布函数,概率与重现期公式,关键取决于所选取变量的不同,本章以第 1、第 2 生育阶段联合分布为例说明各个情况下的联合分布特性。本章选取如下三种概率、重现期从不同侧面对作物生育阶段干旱频率进行分析。

4.2.4.1　同现概率与同现重现期

同现概率与同现重现期刻画了连续两个生育阶段发生干旱状况的概率分布。JYL_1 与 JYL_2 同现不超越概率:

$$P(\text{JYL}_1\leqslant\text{jyl}_1 \text{ and JYL}_2\leqslant\text{jyl}_2)=C(u_1,u_2) \tag{4-48}$$

JYL_1 与 JYL_2 不超越某个历时的同现重现期：

$$T_{1,2,\text{and}}=\frac{E(L)_{\text{and}}}{C(u_1,u_2)} \tag{4-49}$$

式中，$E(L)_{\text{and}}$ 为 JYL_1 与 JYL_2 的同现历时，即连续两个 $\text{JYL}_1\leqslant\text{jyl}_1$ and$\text{JYL}_2\leqslant\text{jyl}_2$ 年份相距时长的数学期望，单位为年。

4.2.4.2　联合概率与联合重现期

联合概率与联合重现期刻画了连续两个生育阶段最少一个阶段发生干旱的概率分布。

JYL_1 与 JYL_2 联合不超越概率：

$$P(\text{JYL}_1\leqslant\text{jyl}_1 \text{ or JYL}_2\leqslant\text{jyl}_2)=u_1+u_2-C(u_1,u_2) \tag{4-50}$$

JYL_1 与 JYL_2 不超越某个历时的联合重现期：

$$T_{1,2,\text{or}}=\frac{E(L)_{\text{or}}}{u_1+u_2-C(u_1,u_2)} \tag{4-51}$$

式中，$E(L)_{\text{or}}$ 为 JYL_1 与 JYL_2 的联合历时，即连续两个 $\text{JYL}_1\leqslant\text{jyl}_1$ or $\text{JYL}_2\leqslant\text{jyl}_2$ 年份相距时长的数学期望，单位为年。

4.2.4.3　条件概率与重现期

条件概率与条件重现期刻画了连续两个生育阶段在第一个发生某种干旱状况的条件下第二生育阶段发生干旱的概率分布。

给定 JYL_1 小于等于某定值条件下 JYL_2 的条件概率：

$$P(\text{JYL}_2\leqslant\text{jyl}_2 \mid \text{JYL}_1\leqslant\text{jyl}_1)=\frac{C(u_1,u_2)}{u_1} \tag{4-52}$$

$$T_{2\mid1,\text{if}}=\frac{E(L)_{2\mid1}}{P}=E(L)_{2\mid1}\Big/\frac{C(u_1,u_2)}{u_1} \tag{4-53}$$

式中，$E(L)_{2\mid1}$ 为给定 JYL_1 小于等于某定值条件下 JYL_2 的联合历时，即 JYL_1 小于等于某定值条件下，连续两个 $\text{JYL}_2\leqslant\text{jyl}_2$ 年份相距时长的数学期望，单位为年。

4.2.5　渠村引黄灌区农业干旱频率分析

河南省渠村引黄灌区位于濮阳市西部，属东亚季风区，灌区内农作物种植面积为 22.91 万公顷，主要作物为小麦、玉米和棉花，现有该灌区 1961～2013 年共 53 年逐月降雨资料。该地区玉米生育周期为[1]：第一阶段，播种～苗期(6.5～6.25)，降雨量记为 jyl_1；第二阶段，拔节～抽穗(6.25～7.11)降雨量记为 jyl_2；第三阶段，抽穗～乳熟(7.12～8.12)降雨量记为 jyl_3；第四阶段，乳熟～收获(8.13～9.2)，降

雨量记为 jyl_4；以播种前 15 天（5.20～6.5）作为播种前期以充分考虑前期降雨对土壤含水量的影响，降雨量记为 jyl_0。本章以濮阳渠村灌区玉米种植为例对 Copula 函数在农业干旱分析中的应用加以说明。根据上述生育阶段的划分，渠村灌区玉米不同生育阶段降雨量统计特征值见表 4-6。

表 4-6　各生育阶段降雨量统计特征表

特征变量	均值/毫米	最大值/毫米	最小值/毫米	标准差	变差系数	偏态系数
jyl_0	25.9210	62.5333	3.5733	13.9797	0.5393	0.6447
jyl_1	46.0098	157.4300	4.4800	33.6304	0.7309	1.1088
jyl_2	68.5539	192.7333	16.6533	31.8235	0.4642	1.2275
jyl_3	149.6269	321.0667	34.5433	58.8834	0.3935	0.5421
jyl_4	79.5010	283.8000	5.5333	56.2245	0.7072	1.2468

4.2.5.1　边缘分布的确定

针对不同的生育阶段，参考水文统计常用的分布函数，利用 4.2.3.1 节所介绍方法进行单变量拟合检验。各生育阶段参数估计见表 4-7。

表中，χ^2 检验结果为 0 表明通过检验，OLS 越小，说明拟合度越好。从表中可以看出，jyl_0 服从 Gamma 分布，jyl_1，jyl_2 服从 Lognormal 分布，jyl_3，jyl_4 服从 Weibull 分布。

表 4-7　各生育阶段单变量参数估计成果表

分布类型	参数及检验	生育阶段				
		jyl_0	jyl_1	jyl_2	jyl_3	jyl_4
Gamma	α_1	3.0750	1.9403	5.0429	6.0895	1.9293
	α_2	8.4296	23.7126	13.5942	24.5713	41.2071
	χ^2	0	0	0	0	0
	OLS	0.0096	0.0216	0.0164	0.0088	0.0102
Weibull	α_1	29.2604	50.9669	77.5031	168.1717	88.0474
	α_2	1.9607	1.4480	2.2876	2.7333	1.4761
	χ^2	0	1	1	0	1
	OLS	0.0099	0.0249	0.0266	0.0075	0.0086
Exponential	α_1	25.9210	46.0098	68.5539	149.6269	79.5010
	χ^2	1	0	1	1	1
	OLS	0.0407	0.0329	0.0782	0.0768	0.0271
Lognormal	α_1	3.0837	3.5496	4.1252	4.9238	4.0948
	α_2	0.6443	0.7988	0.4670	0.4366	0.8340
	χ^2	0	0	0	0	1
	OLS	0.0126	0.0183	0.0105	0.0127	0.0200

续表

分布类型	参数及检验	生育阶段				
		jyl_0	jyl_1	jyl_2	jyl_3	jyl_4
Normal	α_1	25.9210	46.0098	68.5539	149.6269	79.5010
	α_2	13.9797	33.6304	31.8235	58.8834	56.2245
	χ^2	0	1	1	0	0
	OLS	0.3477	1.0811	0.8647	0.7351	0.6568

4.2.5.2　相邻生育阶段降雨量相依性度量

利用 4.2.3.2 节所介绍方法进行变量相关性检验,检验结果见表 4-8。

表 4-8　相邻生育阶段降雨量相关系数计算成果表

相关系数	组合方式			
	$jyl_0 \sim jyl_1$	$jyl_1 \sim jyl_2$	$jyl_2 \sim jyl_3$	$jyl_3 \sim jyl_4$
r_n	0.3870	0.5213	0.7568	0.5485

对相关系数进行显著性检验,对于样本容量 $n=53$,置信水平 α 取 90% 时,临界相关系数 r_a 为 0.2306,从表 4-8 可以看出,相邻生育阶段降雨量之间的相关系数均大于临界相关系数,存在显著的相关性。

4.2.5.3　联合分布的确定

针对 4.2.1 节所描述的几种 Archimedean Copula 函数,利用 4.2.3 节所述方法对相邻两个生育阶段降雨量进行拟合并进行测评,其结果见表 4-9。

表 4-9　相邻生育阶段 Copula 函数参数估计与拟合度评价

分布类型	参数及检验	组合方式			
		$jyl_0 \sim jyl_1$	$jyl_1 \sim jyl_2$	$jyl_2 \sim jyl_3$	$jyl_3 \sim jyl_4$
Gumbel-Houggard	θ_1	1.1909	1.3017	2.1828	1.7550
	AIC	−374.1761	−374.6986	−455.9302	−475.2165
Frank	θ_2	1.3171	1.9668	6.1735	4.2929
	AIC	−322.4724	−314.4475	−382.3600	−391.5254
Ali-Mikhail-Haq	θ_3	0.5251	0.6969	—	—
	AIC	−307.5581	−283.5327	—	—
Clayton	θ_4	0.3229	0.5054	2.4351	1.3604
	AIC	−310.1119	−289.8594	−444.8971	−368.9432

注:"—"表示统计参数超出了定义域范围,不参与测评。从表中看出,相邻两个生育阶段降雨量均以 Gumbel-Houggard Copula 为最佳拟合。

4.2.5.4 相邻生育阶段降雨量组合概率与重现期分析

根据 4.2.2.3 节确定的 Gumbel-Houggard Copula 函数参数，利用 4.2.4 节所述方法计算相邻生育阶段降雨量的同现概率、联合概率及条件概率，见图 4-2～图 4-4。并可计算出其相应的同现重现期、联合重现期及条件重现期，本章以 JYL_0、JYL_1 两个生育阶段对应的成果为例进行说明，见表 4-10～表 4-12，表中"—"为实测数据区，实际应用中若数据落在该区间，则通过插值求得。

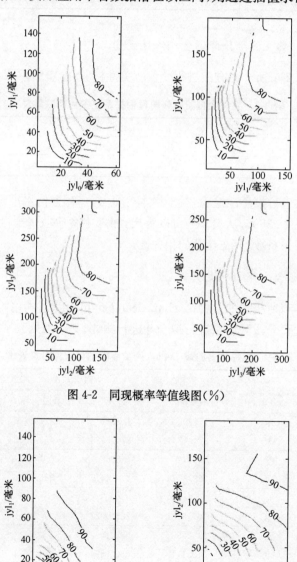

图 4-2 同现概率等值线图（%）

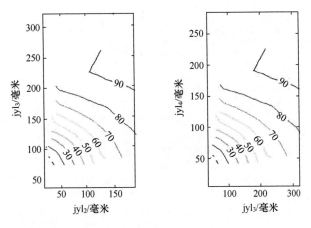

图 4-3 联合概率等值线图(%)

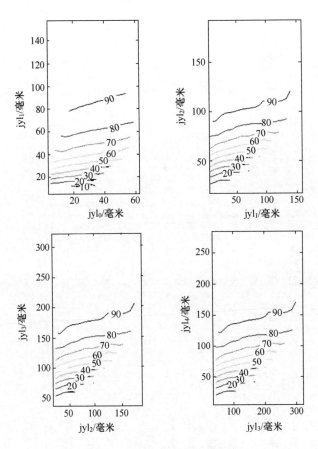

图 4-4 条件概率等值线图(%)

表 4-10 $JYL_0 \sim JYL_1$ 同现重现期计算成果表(年)

JYL_1 \ JYL_0	3.6	6.7	9.8	12.9	16.0	19.1	22.2	25.3	28.4	31.5	34.6	37.7	40.8	43.9	47.0	50.1	53.2	56.3	59.4	62.5
4.5	—	—	—	—	—	—	—	—	—	—	—	—	—	—	—	—	—	—	—	—
12.5	—	194	188	182	181	153	147	152	152	113	118	—	—	—	—	—	—	—	—	—
20.6	—	200	186	178	134	94	64	37	30	24	29	37	46	93	—	—	—	—	—	—
28.6	—	200	170	117	71	33	23	17	14	13	11	10	10	10	9	13	—	—	—	—
36.7	—	—	122	62	29	18	14	12	10	8	6	4	4	4	4	4	4	4	—	—
44.7	—	—	126	49	19	14	11	9	7	5	4	4	4	3	3	3	3	4	—	—
52.8	—	—	—	53	19	11	8	6	4	4	4	4	3	3	3	2	2	3	—	—
60.8	—	—	—	58	19	12	7	5	4	3	3	3	3	3	2	2	2	2	3	—
68.9	—	—	—	—	18	12	8	4	3	3	2	3	3	2	2	2	2	2	2	—
76.9	—	—	—	—	17	14	10	6	3	3	2	2	2	2	2	2	2	2	2	—
85.0	—	—	—	—	—	12	8	4	3	3	2	2	2	2	2	1	1	1	—	—
93.0	—	—	—	—	—	7	7	4	3	2	2	2	2	2	1	1	1	1	—	—
101.1	—	—	—	—	—	—	11	4	3	2	2	2	2	1	1	1	1	—	—	—
109.1	—	—	—	—	—	—	—	6	3	2	2	2	1	1	1	1	—	—	—	—
117.2	—	—	—	—	—	—	—	6	3	2	2	1	1	1	1	—	—	—	—	—
125.2	—	—	—	—	—	—	—	—	6	2	2	2	2	1	—	—	—	—	—	—
133.3	—	—	—	—	—	—	—	—	—	2	2	2	2	2	—	—	—	—	—	—
141.3	—	—	—	—	—	—	—	—	—	—	2	2	2	—	—	—	—	—	—	—
149.4	—	—	—	—	—	—	—	—	—	—	—	2	—	—	—	—	—	—	—	—
157.4	—	—	—	—	—	—	—	—	—	—	—	—	—	—	—	—	—	—	—	—

表 4-11　$JYL_0 \sim JYL_1$ 联合重现期计算成果表（年）

JYL_1 ＼ JYL_0	3.6	6.7	9.8	12.9	16.0	19.1	22.2	25.3	28.4	31.5	34.6	37.7	40.8	43.9	47.0	50.1	53.2	56.3	59.4	62.5
4.5	—	—	—	—	—	—	—	—	—	—	—	—	—	—	—	—	—	—	—	—
12.5	—	45	33	21	8	7	5	4	2	2	2	2	1	1	—	—	—	—	—	—
20.6	—	22	13	7	6	5	3	2	2	2	2	2	1	1	1	1	—	—	—	—
28.6	—	6	5	5	4	3	2	2	2	2	2	1	1	1	1	1	1	1	—	—
36.7	—	—	3	3	3	2	2	2	2	1	1	1	1	1	1	1	1	1	—	—
44.7	—	—	3	2	2	2	2	2	1	1	1	1	1	1	1	1	—	—	1	—
52.8	—	—	—	2	2	2	1	1	1	1	1	1	1	1	—	1	—	—	—	—
60.8	—	—	—	2	2	1	1	1	1	1	1	—	1	—	—	—	1	—	—	—
68.9	—	—	—	—	1	1	1	1	1	1	—	—	—	—	1	—	—	—	—	—
76.9	—	—	—	—	1	1	1	1	1	—	—	—	—	—	—	—	—	—	—	—
85.0	—	—	—	—	—	1	1	1	1	—	—	—	—	—	—	—	—	—	—	—
93.0	—	—	—	—	—	—	—	—	—	—	—	—	—	—	—	—	—	—	—	—
101.1	—	—	—	—	—	—	—	—	—	—	—	—	—	—	—	—	—	—	—	—
109.1	—	—	—	—	—	—	—	—	—	—	—	—	—	—	—	—	—	—	—	—
117.2	—	—	—	—	—	—	—	—	—	—	1	—	—	—	—	—	—	—	—	—
125.2	—	—	—	—	—	—	—	—	—	1	1	—	—	—	—	—	—	—	—	—
133.3	—	—	—	—	—	—	—	—	—	—	1	—	—	—	—	—	—	—	—	—
141.3	—	—	—	—	—	—	—	—	—	—	2	1	—	—	—	—	—	—	—	—
149.4	—	—	—	—	—	—	—	—	—	—	1	—	—	—	—	—	—	—	—	—
157.4	—	—	—	—	—	—	—	—	—	—	—	—	—	—	—	—	—	—	—	—

表 4-12　$JYL_0 \sim JYL_1$ 条件重观期计算成果表（年）

JYL_1 \ JYL_0	3.6	6.7	9.8	12.9	16.0	19.1	22.2	25.3	28.4	31.5	34.6	37.7	40.8	43.9	47.0	50.1	53.2	56.3	59.4	62.5
4.5	—	—	—	—	—	—	—	—	—	—	—	—	—	—	—	—	—	—	—	—
12.5	—	178	155	132	133	125	116	105	96	77	104	—	—	—	—	—	—	—	—	—
20.6	—	77	51	36	32	28	27	21	18	16	22	28	34	89	—	—	—	—	—	—
28.6	—	27	20	20	16	12	10	9	9	8	8	8	8	8	7	11	—	—	—	—
36.7	—	—	14	10	7	7	6	6	5	5	4	4	4	4	4	4	4	—	—	—
44.7	—	—	14	8	5	5	5	4	4	3	3	3	3	3	3	3	3	3	—	—
52.8	—	—	—	8	5	4	3	3	3	3	3	2	2	2	2	2	2	2	—	—
60.8	—	—	—	8	5	4	4	3	2	2	2	2	2	2	2	2	2	2	3	—
68.9	—	—	—	—	4	4	3	2	2	2	2	2	2	2	2	2	2	2	2	—
76.9	—	—	—	—	—	3	3	2	2	2	2	1	1	1	1	1	1	2	2	—
85.0	—	—	—	—	—	—	3	2	2	2	2	1	1	1	1	1	1	2	1	—
93.0	—	—	—	—	—	—	—	—	2	2	2	1	1	1	1	1	1	1	—	—
101.1	—	—	—	—	—	—	—	—	—	2	1	1	1	1	1	1	—	—	—	—
109.1	—	—	—	—	—	—	—	—	—	—	1	1	1	1	1	—	—	—	—	—
117.2	—	—	—	—	—	—	—	—	—	—	—	1	—	—	—	—	—	—	—	—
125.2	—	—	—	—	—	—	—	2	2	1	1	—	—	—	—	—	—	—	—	—
133.3	—	—	—	—	—	—	—	—	—	2	1	—	—	—	—	—	—	—	—	—
141.3	—	—	—	—	—	—	—	—	—	—	1	—	—	—	—	—	—	—	—	—
149.4	—	—	—	—	—	—	—	—	—	—	—	—	—	—	—	—	—	—	—	—
157.4	—	—	—	—	—	—	—	—	—	—	—	—	—	—	—	—	—	—	—	—

首先,图 4-2~图 4-4、表 4-10~表 4-12 以玉米生长过程为例系统反映区域农业干旱状况,便于对相邻两个区域农业干旱状况进行对比。例如,若做出相邻两个区域上述图表,则可针对某个特定重现期或特定概率进行相应降雨量的对比,从而间接反映了特定作物农业干旱的差异。

其次,可对研究区域某一具体年份的当前农业干旱状况做出评价,并为下阶段灌溉制度提供依据。例如,假定该区域阶段降雨量小于阶段平均值即会对该阶段作物生长产生干旱影响(表 4-6 可查出该区域阶段降雨量平均值),则从图 4-2~图 4-4 中可以查出 $P(JYL_0 \leqslant 25.92$ and $JYL_1 \leqslant 46.01)$ 约为 25%,$P(JYL_0 \leqslant 25.92$ or $JYL_1 \leqslant 46.01)$ 约为 65%,$P(JYL_1 \leqslant 46.01 | JYL_0 \leqslant 25.92)$ 约为 70%;从表 4-10~表 4-12 可以查出相应的同现重现期为 9 年一遇,联合重现期为 2 年一遇,条件重现期为 4 年一遇。这表明该区域玉米生长的前两个生育阶段均发生干旱的概率不是很大(25%),但这两个生育阶段中至少一个阶段发生干旱的概率较大(65%),因此,前两个生育阶段应做抗旱准备;尤其地,根据条件概率,若第一阶段发生干旱,则第二阶段发生干旱的概率达 70%,即若第一阶段干旱,则有必要加强第二阶段的抗旱工作,从而为灌区水资源配置提供预估。

4.3　本章小结

长期以来人们一直注重对农业干旱问题的研究,并已取得了不少成果,如构建了土壤湿度指标、土壤有效水分存储量指标、供需水比例、农作物水分指标和温度指标等。但为了对项目区干旱程度进行量化,并对不同农业区的干旱程度进行定量的对比,往往需要得到区域干旱程度的概率分布函数。鉴于以往常用方法存在的问题,本节提出了利用最大熵方法构建干旱度的分布函数。该方法在事先没有充分的理由确定农业干旱度到底服从什么样的概率分布时,利用最大熵原理推导出农业干旱度概率分布函数,给出明确的函数解析式。

最大熵方法产生概率密度函数的精度取决于样本容量及其上下界值的选定。样本量如果太小,高阶矩的统计值会因误差较大而失去意义。需要样本量大是该方法的主要缺陷。而对于一个农业区来说,降水的概率分布及其统计参数往往可以获得。在此基础上,通过蒙特卡罗法模拟则可得到任意大样本容量的干旱度指标,从而使问题得到圆满的解决。

该模型概念清晰、计算简单,具有较好的合理性与实用性,是一种较好的评估方法。该方法便于计算某个干旱度区间的概率,在单个区域干旱度评价及对不同区域之间的干旱程度定量比较方面,在农业干旱度研究方面具有较好的推广应用价值。

　　最后,本节以河南省渠村引黄灌区为例,阐明了利用最大熵法构建农业干旱度的过程及结果,并通过与文献[66]中的方法进行对比,对该方法的优点做了进一步说明。

　　本章以濮阳渠村灌区玉米种植为例,对作物生育阶段降雨量进行分期划分。首先,拟合各生育阶段降雨量分布函数,然后,选用 Archimedean Copula 函数构造相邻生育阶段降雨量的联合分布,计算出相邻生育周期降雨量的组合概率与组合重现期,系统地描述了区域农业干旱演变规律。结果表明,由于联合分布考虑了相邻生育阶段降雨量之间的多种组合,并求出了后一生长阶段在前一生育阶段降雨量条件下的条件概率,因此,能够更全面地反映区域农业干旱的特征,可为区域内农业干旱分析和水资源调度提供科学依据。

第5章 河南省农业干旱脆弱性评价

干旱是全球范围内频繁发生的一种慢性自然灾害[1]，人们对自然灾害的早期认识主要集中在致灾因子上，以致灾因子的影响力作为划分灾害等级的标准[77]。随着自然灾害系统理论[29]的发展，人们逐渐意识到，农业旱灾的形成是降水不足或不均与农业生产系统脆弱性共同作用的结果，承灾体脆弱性的高低会起到"放大"或"缩小"灾情的作用[78]。在同等级干旱情况下，不同的人口密度、不同的社会经济条件和不同的抗旱能力造成的经济损失和社会影响力会有很大的不同，这就是大灾小害或小灾大害现象发生的原因。研究农业旱灾脆弱性，是对农业系统易于遭受干旱影响导致作物减产、农民收入减少、食物短缺和再生产能力下降的性质做出判断和评价，降低承灾体的脆弱性是抗灾减灾的重要途径。

5.1 农业干旱脆弱性

区域旱灾系统论是将旱灾作为干旱致灾因子、承灾体、孕灾环境和防灾减灾措施相互联系、相互作用的地球表层变异复杂系统来研究[26]，它是旱灾风险评估的重要理论基础。在此基础上，旱灾风险可以理解为：在不稳定的孕灾环境中具有危险性的干旱事件经承灾体的脆弱性传递，作用于承灾体而导致承灾体未来可能损失的规模及其发生概率[86]。通过致灾因子危险性与承灾体脆弱性的合成，就可得到旱灾损失的可能性分布函数，即旱灾损失风险，它反映了特定频率干旱强度所导致的可能损失。

农业旱灾系统的脆弱性是指农业生产系统易于遭受干旱威胁和损失的性质和状态[87]，其主体包括：敏感性、暴露性、抗旱能力三方面。敏感性是承灾体被动地遭受干旱事件时所反映出的易于产生破坏的可能性，即旱灾规模对于干旱规模的反映程度。暴露性是指处于致灾因子不利影响范围内的承灾体要素的价值及其分布特征。抗旱能力是指人类采取工程和非工程措施，保护承灾体的价值免受致灾因子破坏的能力。敏感性、暴露和抗旱能力综合反映了承灾体在旱灾风险发生发展过程中的作用，共同构成了由干旱演变为旱灾损失的中间转换环节——旱灾脆弱性。

5.1.1 干旱脆弱性与干旱灾害

20世纪60年代以来，受全球气候变暖的影响，干旱灾害不断爆发并呈现出与以往不同的特征。仅仅单独从水文气象因素来分析干旱灾害发生的传统理论已经越来越缺乏说服力,干旱脆弱性概念在这一背景下应运而生。农业干旱脆弱性反映了农业系统抵御旱灾的能力,它除了受内部风险因素的影响外,还受暴露的外部风险影响,有恢复能力及敏感因素两个主要的影响因素。如前所述,"干旱"与"旱灾"是两个不同的概念。干旱是一种气候现象,发生原因是长期少雨导致空气干燥、土壤缺水,而旱灾是指对社会生产或人类生活已经产生一定的破坏性和损害的干旱事件,而旱灾的形成除了起源于干旱,更与人们抵御干旱的能力有关。

干旱脆弱性与干旱灾害之间存在一定的因果关系。干旱脆弱性是农业系统常态的、内在的特性,而干旱灾害却是这种特性一种结果,干旱脆弱性并不一定会导致干旱灾害。干旱灾害的形成一个复杂的过程,需要一系列前提和条件。随着风险的产生和累积,干旱脆弱性也会不断上升,因内部或外界因素激烈冲击致使系统崩溃,就发生了旱灾。因此,干旱灾害是干旱脆弱性最终的表现形式,是当旱灾脆弱性累积到为本系统所不能承受时发生的破坏性的能量释放,也就是说,干旱灾害的发生有一个从量变到质变的过程。

因此,干旱弱性、干旱风险与干旱灾害三者间的关系可以表示为:不确定性—干旱风险—干旱脆弱性—干旱灾害,这可以解释干旱灾害的可能性和必然性。干旱脆弱性是农业体系的一种内在固有属性,它是客观的,无法从根本上消除,但是并不意味着干旱因素都必然发生风险,其本质意义仅是说明农业体系具有陷入风险和致灾的性质,并不决定灾害是否发生以及何时发生。干旱灾害最根本的原因在于干旱脆弱性及外在冲击等因素,外部因素归根结底都要通过内因起作用,干旱灾害是干旱脆弱性累积的最终结果和表现。干旱脆弱性的累积为干旱灾害的最终爆发提供了内在依据。

如前所述,农业干旱灾害系统是一个由致灾因子子系统、孕灾环境子系统、承灾体子系统和人类社会经济子系统等若干子系统组成的复杂系统。各子系统及其组成要素相互影响、相互制约,处于动态变化之中,影响着农业干旱灾害脆弱性水平。

5.1.2　区域农业旱灾脆弱性的形成机理

干旱属于自然环境演变过程中出现的正常现象,而干旱成灾则与人类社会经济活动过程中存在的脆弱性密不可分。干旱脆弱性并不等同于干旱灾害,它是指农业系统在各组成要素的动态变化及相互影响过程中形成的、容易受到干旱影响并形成损失的特性,是干旱灾害的驱动因素之一,但干旱脆弱性转化为干旱灾害还要有一个演变的过程。干旱灾害是孕灾环境(社会、经济、土地利用及制度等)、致灾因子(降水不足)以及承灾体(农业人口和农作物)相互作用的产物,旱灾的灾情揭示和表达了系统存在的旱灾脆弱性。不同的承灾体,由于其干旱脆弱性不同,即使区域相同、在同一时间面对同一强度的干旱,它们的灾情也会有很大的差别。干旱脆弱性存在差别的原因是人类反应能力与社会经济等致灾因子以外的因素影响不同导致产生脆弱性的压力不同,大量的事实证明了人类活动能够减缓或者加剧旱情,其原因也同样是活动首先改变了孕灾环境状况以及承灾体的脆弱性。

依据区域灾害脆弱性的理论,当干旱与脆弱性相互作用时的压力,超出了区域农业系统承受阈值的时候,便会发生干旱灾害,"农业旱灾＝农业旱灾脆弱性＋农业干旱"。也就是说,虽然降水减少通常可以引起干旱,而且降水的不足在一定的空间和时间上的确与旱灾有很强的正相关关系,但引起干旱不表示一定就有旱灾。农业旱灾发生的必要条件是降水的偏少及其时空分布不均,而其根源却是农业系统的干旱脆弱性,并且旱灾的强度在空间上往往与农业旱灾脆弱性有较好的耦合关系,与自然降水却并不一致。例如在我国属半干旱、干旱气候的河套地区,因为有着较为完善的引黄灌溉工程,农业系统的抗旱能力强、旱灾脆弱性较低,所以虽然大部分年份天然降水不足并且和作物生长需求耦合性差,但依然能够获得稳产、高产。

在农业旱灾系统的内部存在着农业旱灾脆弱性和致灾因子两种动态压力,任何一种发生变化都会影响农业旱灾系统的压力以及旱灾灾情。其中,作为致灾因子的自然降水是受全球大气环流影响的,我们很难改变或控制其在大范围内的时空分布和过程,而且降水的经常性波动从全球环境演化来看是必然发生的。所以,减轻农业旱灾及其影响的最可行、最有效的途径,是调整人类农业经济的活动,释放农业旱灾系统压力,降低脆弱性。

需要说明的是,承灾体的脆弱性与致灾因子的危险性是两个相互联系却又相对独立的概念,并非危险性越高的区域,脆弱性就越大。致灾因子的危险性是旱灾风险产生的外因,脆弱性是旱灾风险产生的内因,外因通过内因起作用,共同决定了承载体价值性损失的大小[127]。但在致灾因子危险性一定的情况下,承灾体脆弱性越大,则旱灾风险越高。

5.1.3　农业干旱脆弱性研究进展

如前所述,农业旱灾脆弱性是指农业生产敏感于和易于遭受干旱威胁并造成损失的性质和状态,它的影响因素有很多种,是社会经济系统和自然环境系统在特定时空条件下耦合的产物,表征了农业系统对干旱的反应、适应及应对的能力,旱灾灾情揭示和表达了农业系统旱灾脆弱性的存在。我国一些学者已经对农业旱灾脆弱性展开研究。商彦蕊[79]根据前人研究成果,提出了农业旱灾脆弱性概念,建立了区域农业旱灾脆弱性评价理论体系;刘兰芳[80]通过分析湖南省农业旱灾脆弱性的成因,运用加权综合模型计算各县市的农业旱灾脆弱度,并借助 GIS 技术进行农业旱灾脆弱性区划;杜晓燕等[81]首先运用加权综合评分法和灰色关联度评价法计算各区的脆弱度,最终采用组合评价中序号总和理论对天津地区旱灾脆弱性进行了综合评价,确定指标权重则采用熵值法和改进的层次分析法的组合赋权法；邱林等[82]根据农业旱灾脆弱性的相关研究基础,给出衡阳市农业干旱脆弱性评估分级区间界限值,根据可变模糊集合理论,提出农业旱灾脆弱性定量评估的多指标多级别的可变模糊分析方法；陈萍等[83]从干旱暴露度、敏感性与适应能力这三个方面选取了 14 个因子,通过层次分析法确定了各因子的权重,运用综合指数法生成了鄱阳湖生态经济区农业系统的干旱脆弱性指数；侯光良等[84]利用层次分析法和等级化等数学分析方法,将气候变化和承灾体内在脆弱性进行综合分析,得到了青海东部旱灾脆弱性等级。王文祥等[85]基于信息分配和扩散理论,以事件为因、灾损为果,得到干旱强度-旱灾灾损的脆弱性关系,分析了我国东北三省 1971～2012 年的旱灾脆弱性特征。

以往的研究主要是对农业旱灾脆弱性作定性评价。邱林等[82]虽实现了旱灾脆弱性的定量评价,但评价指标内涵不明确,指标的选择难以模拟地区旱灾脆弱性真实情况。基于区域灾害系统理论的农业旱灾脆弱性评价指标体系能够更好地反映旱灾成因机理,因此,本章将基于区域灾害系统理论的农业旱灾脆弱性评价指标体系与可变模糊集理论相结合,构建农业旱灾脆弱性评价模型,并采用组合赋权法,对河南省 18 个地区农业旱灾脆弱性进行评价计算,为提高管控农业旱灾风险能力进行探讨。

5.2 农业干旱脆弱性评价指标体系

目前,针对自然灾害脆弱性评估方法主要有:①历时资料法,即根据历史灾情数据判断区域脆弱性。该方法对数据要求比较高,对周期比较长的自然灾害适用性不高,且容易漏掉极端灾害事件。②基于调查数据的承灾个体脆弱性评估法,即通过分析各种灾害的强度与各种承灾个体受影响程度来确定脆弱性与灾害损失的关系。该方法主要采用调查统计进行评估,操作性不强,且结果准确度易受调查方法干扰。③基于指标体系的灾害脆弱性评估法。由于脆弱性机理尚不清楚,选取具有代表性的指标构成的指标体系能全面反映脆弱性特征,因此基于指标体系的脆弱性评估是目前最为常用的方法,也是本章采用的脆弱性评估方法。

5.2.1 指标体系构建原则

指标体系的建立是农业旱灾脆弱性评价的核心部分,是关系到评价结果可信度的关键因素。为使选取的指标能全面准确地反映区域农业旱灾脆弱性的本质特征,在指标选取时,必须遵循以下原则：

(1) 系统性原则。评价指标的选择应从农业干旱灾害风险系统整体出发,构建能反映农业干旱灾害风险系统的内在层次结构的综合指标。构建的农业干旱灾害风险指标体系应能全面、科学地反映农业干旱灾害风险因素及其产生的长期影响,并能客观地反映农业干旱灾害风险因子系统与研究区域整个社会经济系统的相互作用和相互影响。

(2) 代表性原则。影响农业干旱灾害风险的因素很多,构建农业干旱灾害风险评价指标体系的基本目的就是要把农业干旱灾害风险这一复杂的评价目标转变为可度量、计算、比较的数据。在建立指标时不可能将其全部的指标纳入指标体系,必须从中选择对农业干旱灾害风险影响起主导作用、具有代表性的因素,否则会使指标体系十分繁杂,不便操作,进而影响其评价结果的可靠性。

(3) 可获性原则。选取指标时,尽量选择数据能从常规统计年鉴或年报取得的指标,尽可能避免选择数据需做专门试验或调查的指标;否者即使选择的指标很科学,但却难以获得数据资料,其应用范围将会受很大限制。

(4) 动态性原则。所选评价指标应尽可能反映干旱灾害风险系统与研究区域社会经济系统交互作用的动态变化过程,便于从动态的角度对干旱灾害风险过程进行监测、评估及预警研究。

5.2.2　指标体系的构建

农业旱灾脆弱性主要包括三个方面:敏感性、暴露性、抗旱能力。敏感性是指当承灾体处于被动遭受干旱事件的状态时,承受干旱的主体自身反映出的易于产生损失的可能性,也就是可能产生的旱灾规模对所承受的干旱规模的响应程度。暴露性是指在干旱事件不利影响范围内,所有承灾体要素的经济价值及分布情况。抗旱能力指人类社会为抵御干旱所采取的工程与非工程措施,以及这些措施所起到的保护承灾体的经济价值免于遭受干旱事件破坏的能力。敏感性、暴露性和抗旱能力综合反映了承灾体在旱灾风险发生发展过程中的作用,共同组成了从干旱转变为旱灾损失的转化环节——旱灾脆弱性。

按照干旱脆弱性评价指标应具有完整性、简明性、独立性、可评价性以及数据的可获取性等原则,及干旱发生的地域特征、成灾特性、农田水利设施情况和前人的实际工作经验,本书确定从敏感性、暴露、抗旱能力三方面考虑组成旱灾脆弱性评价指标体系。承灾体敏感性指标包括农业产值比重、用水、灌溉等;暴露性指标包括人口、耕地、单位面积农业产值等;抗旱能力性指标包括农民收入、农村劳动力、水利工程设施情况等。根据以上原则,从三方面中选择具有代表性的 15 项指标,构成河南省农业旱灾脆弱性评价指标体系,见表 5-1。

表 5-1 农业旱灾脆弱性指标体系

目标层	准则层	指标层	单位	指标计算方法	权重
农业旱灾脆弱性评价	敏感性	F_1 农业生产总值比重	‰	农业产值/生产总值	W_1
		F_2 年人均用水量	米³	全国水利普查成果查得	W_2
		F_3 耕地亩均用水量	米³	全国水利普查成果查得	W_3
		F_4 高效节水灌溉率	%	高效节水灌溉面积/总灌溉面积	W_4
		F_5 灌溉指数	%	有效灌溉面积/耕地面积	W_5
	暴露	F_6 人口密度	人·千米⁻²	常住人口/行政区域面积	W_6
		F_7 人均耕地面积	10^{-2}公顷·人	耕地面积/常住人口	W_7
		F_8 耕地面积比	‰	耕地面积/行政区域面积	W_8
		F_9 单位面积农业生产总值	10^4元·公顷⁻²	农业产值/农作物播种面积	W_9
		F_{10} 水田密度	‰	水田面积/行政区域面积	W_{10}
	抗旱能力	F_{11} 农民人均纯收入	10^4元	河南省统计年鉴查得	W_{11}
		F_{12} 单位耕地面积农村劳动力	人·公顷⁻²	乡村劳动力资源/耕地面积	W_{12}
		F_{13} 单位耕地面积配套机电井数	10^{-3}个·公顷⁻²	配套机电井数/耕地面积	W_{13}
		F_{14} 单位耕地面积兴利库容	10 米³·公顷⁻²	兴利库容/耕地面积	W_{14}
		F_{15} 旱涝保收率	%	旱涝保收面积/耕地面积	W_{15}

注：高效灌溉面积包括林地、园地面积。

5.3　可变模糊综合评价理论

5.3.1　可变模糊集理论

自然界一切物质系统都处于不断运动、永恒的产生和消灭的演化过程中。演化是自然界物质系统的普遍现象,演化过程中形成过渡性或中介现象的系统形态,是自然界物质系统演化过程中到处盛行的真实过程的反映。物质系统的演化过程中,质变的表现形式有两种,即突变式与渐变式,其本质都是对立统一规律、质量互变规律以及否定之否定规律共同作用的结果。因此,对质变的描述及量化具有重要意义。

根据辩证唯物论哲学关于差异、共维、中介、两极的概念及三大规律,给出相对隶属函数的概念与定义,建立以相对隶属函数为基础的可变模糊集理论。1965 年札德(Zadeh)建立的模糊集合概念,是对物质系统在中介过渡阶段所呈现出的模糊事物、模糊现象及反映模糊概念的科学描述,所建立的隶属度、隶属函数概念与定义具有重要科学意义。但理论上存在着隶属度、隶属函数概念与定义的静态性缺陷,主要表现在经典模糊集合论不考虑相对性与可变性,这与其研究对象:模糊事物、模糊现象、模糊概念所具有的中介过渡性,即可变动态性存在矛盾。

可变模糊集理论研究在一定时空条件组合下,系统中模糊事物、模糊现象、模糊概念的相对性与动态可变性,用数学方法描述其相对可变性。模糊性在工程领域大量存在,同时具有自然与社会的复合特性,存在着复杂的不确定性。这使得人们在从事科学研究过程中,对模糊性的科学合理的描述更加重要。下面就本书涉及的一些概念和模型进行简单介绍。

1) 相对隶属度、相对隶属函数定义

经典模糊集理论用隶属程度来描述中介过渡,是以精确的数学语言对模糊概念(事物、现象)的一种科学表述。但札德建立的模糊集合关于隶属度、隶属函数的概念在哲学上存在绝对化、唯一化即静态化的缺点,在数学上未考虑模糊概念(事物、现象)处于中介过渡阶段变化的本质特征。为此,陈守煜先给出绝对隶属度、绝对隶属函数的定义,然后给出相对隶属度、相对隶属函数定义。

定义 5.1　设论域 U 上的一个模糊概念(事物、现象)$\underset{\sim}{A}$,分别赋给 $\underset{\sim}{A}$ 处于共维差异中介过渡段的左、右端点(称为极点)以 0 与 1 的数,在 0 到 1 的数轴上构成一个 $[0,1]$ 闭区间数的连续统。对 U 中任意的元素 $u \in U$,都在该连续统上指定了一个数 $\mu_{\underset{\sim}{A}}^{0}(u)$,称为 u 对 $\underset{\sim}{A}$ 的绝对隶属度,简称隶属度。映射

$$\begin{cases} \mu_{\underset{\sim}{A}}^{0}: U \rightarrow [0,1] \\ u | \rightarrow \mu_{\underset{\sim}{A}}^{0}(u) \in [0,1] \end{cases} \tag{5-1}$$

称为 $\underset{\sim}{A}$ 的绝对隶属度,简称隶属函数。

定义 5.2　在绝对隶属度的连续统[0,1]数轴上建立参考系,使其中的任意两个点定为参考坐标系上的两极,赋给参考系的左、右两极以 0 与 1 的数,并构成参考系[0,1]数轴上的参考连续统(相对于某一时空条件的参考系)。对于 U 中的任意元素 $u \in U$,都在该连续统上指定了一个数 $\mu_{\underset{\sim}{A}}(u)$,称为 u 对 $\underset{\sim}{A}$ 的相对隶属度。映射

$$\begin{cases} \mu_{\underset{\sim}{A}}:U \rightarrow [0,1] \\ u| \rightarrow \mu_{\underset{\sim}{A}}(u) \in [0,1] \end{cases} \tag{5-2}$$

称为 $\underset{\sim}{A}$ 的相对隶属函数。

2) 相对差异函数与模糊可变集合

为进一步研究模糊集合的动态可变性,陈守煜运用自然辩证法关于运动的矛盾性原理,提出描述事物质变界的概念为:事物 u 具有对立模糊概念吸引性质 $\underset{\sim}{A}$ 的相对隶属度 $\mu_{\underset{\sim}{A}}(u)$ 与排斥性质 $\underset{\sim}{A}^c$ 的相对隶属度 $\mu_{\underset{\sim}{A}^c}(u)$ 达到动态平衡,即 $\mu_{\underset{\sim}{A}}(u)=\mu_{\underset{\sim}{A}^c}(u)$,当 $\mu_{\underset{\sim}{A}}(u)<\mu_{\underset{\sim}{A}^c}(u)$ 时,事物 u 以吸引为其主要性质,排斥为次要性质;当 $\mu_{\underset{\sim}{A}}(u)>\mu_{\underset{\sim}{A}^c}(u)$ 时则相反。当事物 u 从 $\mu_{\underset{\sim}{A}}(u)>\mu_{\underset{\sim}{A}^c}(u)$ 转化为 $\mu_{\underset{\sim}{A}}(u)<\mu_{\underset{\sim}{A}^c}(u)$,或相反转化,即事物 u 发生质变时,必通过质变边界 $\mu_{\underset{\sim}{A}}(u)=\mu_{\underset{\sim}{A}^c}(u)$。

定义 5.3　设论域 U 上的一个模糊概念(事物、现象) $\underset{\sim}{A}$,对 U 中的任意元素 u $(u \in U)$,在相对隶属函数的连续统数轴任一点上,u 对表示吸引性质 $\underset{\sim}{A}$ 的相对隶属度为 $\mu_{\underset{\sim}{A}}(u)$,对表示排斥性质 $\underset{\sim}{A}^c$ 的相对隶属度为 $\mu_{\underset{\sim}{A}^c}(u)$,设

$$D_{\underset{\sim}{A}}(u)=\mu_{\underset{\sim}{A}}(u)-\mu_{\underset{\sim}{A}^c}(u) \tag{5-3}$$

$D_{\underset{\sim}{A}}(u)$ 称为 u 对 $\underset{\sim}{A}$ 的相对差异度。映射

$$\begin{cases} D_{\underset{\sim}{A}}:D \rightarrow [-1,1] \\ u| \rightarrow D_{\underset{\sim}{A}}(u) \in [-1,1] \end{cases} \tag{5-4}$$

称为 u 对 $\underset{\sim}{A}$ 的相对差异函数,简称差异函数。

根据

$$\mu_{\underset{\sim}{A}}(u)+\mu_{\underset{\sim}{A}^c}(u)=1 \tag{5-5}$$

则

$$D_{\underset{\sim}{A}}(u)=2\mu_{\underset{\sim}{A}}(u)-1 \tag{5-6}$$

或

$$\mu_{\underset{\sim}{A}}(u)=(1+D_{\underset{\sim}{A}}(u))/2 \tag{5-7}$$

令

$$\underset{\sim}{V}=\{(u,D)\,|\,u\in U,\ D_{\underset{\sim}{A}}(u)=\mu_{\underset{\sim}{A}}(u)-\mu_{\underset{\sim}{A}^c}(u),\ D\in[-1,1]\} \tag{5-8}$$

$\underset{\sim}{V}$ 称为 U 的模糊可变集合。令

$$A_+=\{u\,|\,u\in U,\mu_{\underset{\sim}{A}}(u)>\mu_{\underset{\sim}{A}^c}(u)\} \tag{5-9}$$

$$A_-=\{u\,|\,u\in U,\mu_{\underset{\sim}{A}}(u)<\mu_{\underset{\sim}{A}^c}(u)\} \tag{5-10}$$

$$A_0=\{u\,|\,u\in U,\mu_{\underset{\sim}{A}}(u)=\mu_{\underset{\sim}{A}^c}(u)\} \tag{5-11}$$

分别称为模糊可变集合 $\underset{\sim}{V}$ 的吸引(为主)域、排斥(为主)域和平衡界或质变界。

设 C 是 $\underset{\sim}{V}$ 的可变因子集,

$$C=\{C_A,\ C_B,\ C_C\} \tag{5-12}$$

式中,C_A 为模型可变集;C_B 为可变模型参数集;C_C 为除模型及其参数外的其他可变因子集。令

$$A^+=C(A_-)=\{u\,|\,u\in U,\mu_{\underset{\sim}{A}}(u)<\mu_{\underset{\sim}{A}^c}(u),\mu_{\underset{\sim}{A}}(C(u))>\mu_{\underset{\sim}{A}^c}(C(u))\} \tag{5-13}$$

$$A^-=C(A_+)=\{u\,|\,u\in U,\mu_{\underset{\sim}{A}}(u)>\mu_{\underset{\sim}{A}^c}(u),\mu_{\underset{\sim}{A}}(C(u))<\mu_{\underset{\sim}{A}^c}(C(u))\} \tag{5-14}$$

统一称为模糊可变集合 $\underset{\sim}{V}$ 关于可变因子集 C 的可变域。令

$$A^{(+)}=C(A_+)=\{u\,|\,u\in U,\mu_{\underset{\sim}{A}}(u)>\mu_{\underset{\sim}{A}^c}(u),\mu_{\underset{\sim}{A}}(C(u))>\mu_{\underset{\sim}{A}^c}(C(u))\} \tag{5-15}$$

$$A^{(-)}=C(A_-)=\{u\,|\,u\in U,\mu_{\underset{\sim}{A}}(u)<\mu_{\underset{\sim}{A}^c}(u),\mu_{\underset{\sim}{A}}(C(u))<\mu_{\underset{\sim}{A}^c}(C(u))\} \tag{5-16}$$

统一称为模糊可变集合 $\underset{\sim}{V}$ 关于可变因子集 C 的量变域。

3) 相对差异函数模型

设 $X_0=[a,b]$ 为实轴上模糊可变集合 $\underset{\sim}{V}$ 的吸引域,即 $0<D_{\underset{\sim}{A}}(u)\leqslant1$ 区间,$X=[c,d]$ 为包含 $X_0(X_0\subset X)$ 的某一上、下界范围域区间,如图 5-1 所示。

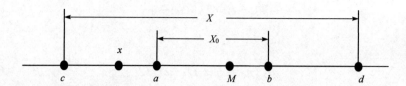

图 5-1　点 x, M 与区间 X_0, X 的位置关系图

根据模糊可变集合 $\underset{\sim}{V}$ 定义可知 $[c,a]$ 与 $[b,d]$ 均为 $\underset{\sim}{V}$ 的排斥域,即 $-1 \leqslant D_{\underset{\sim}{A}}(u) < 0$ 区间。设 M 为吸引域区间 $[a,b]$ 中 $\mu_{\underset{\sim}{A}}(u)=1$ 的点值,按物理分析确定,M 不一定为区间 $[a,b]$ 的中点值。应用相对差异函数公式,首先必须根据实际问题的性质确定 M 点。x 为 X 区间内的任意点的量值,则当 x 落入 M 点左侧时,相对差异函数模型可为

$$\begin{cases} D_{\underset{\sim}{A}}(u) = \left(\dfrac{x-a}{M-a}\right)^{\beta}, & x \in [a,M] \\[3mm] D_{\underset{\sim}{A}}(u) = -\left(\dfrac{x-a}{c-a}\right)^{\beta}, & x \in [c,a] \end{cases} \tag{5-17}$$

当 x 落入 M 点右侧时,相对差异函数模型可为

$$\begin{cases} D_{\underset{\sim}{A}}(u) = \left(\dfrac{x-b}{M-b}\right)^{\beta}, & x \in [M,b] \\[3mm] D_{\underset{\sim}{A}}(u) = -\left(\dfrac{x-b}{d-b}\right)^{\beta}, & x \in [b,d] \end{cases} \tag{5-18}$$

式(5-17)、式(5-18)中 β 为非负指数,通常可取 $\beta=1$,即相对差异函数模型为线性函数,式(5-17)、式(5-18)满足:

(1) 当 $x=a$, $x=b$ 时,$D_{\underset{\sim}{A}}(u)=0$;

(2) 当 $x=M$ 时,$D_{\underset{\sim}{A}}(u)=1$;

(3) 当 $x=c$, $x=d$ 时,$D_{\underset{\sim}{A}}(u)=-1$。

符合相对差异函数定义。

$D_{\underset{\sim}{A}}(u)$ 确定以后,根据式(5-19)可求借得到相对隶属度 $\mu_{\underset{\sim}{A}}(u)$,即

$$\mu_{\underset{\sim}{A}}(u) = \frac{1+D_{\underset{\sim}{A}}(u)}{2} \tag{5-19}$$

显然当 $x \notin [c,d]$ 时,满足 $\mu_{\underset{\sim}{A}}(u)=0$。

5.3.2　可变模糊分析评价模型

运用可变模糊集合理论[94],构建农业旱灾脆弱性多级多指标可变模糊分析评

价模型,其基本原理如下:

设待评价的样本有 n 个 $\{x_1, x_2, \cdots, x_n\}$,则 m 个评价指标特征值构成待评样本的特征值矩阵

$$X = \begin{bmatrix} x_{11} & x_{12} & \cdots & x_{1n} \\ x_{21} & x_{22} & \cdots & x_{2n} \\ \vdots & \vdots & & \vdots \\ x_{m1} & x_{m1} & \cdots & x_{mn} \end{bmatrix} \tag{5-20}$$

设样本有 c 个级别的指标标准值区间,则 m 个指标 c 个级别的已知指标标准区间矩阵可表示为

$$I_{ab} = \begin{bmatrix} [a_{11}, b_{11}] & [a_{12}, b_{12}] & \cdots & [a_{1c}, b_{1c}] \\ [a_{21}, b_{21}] & [a_{22}, b_{22}] & \cdots & [a_{2c}, b_{2c}] \\ \vdots & \vdots & & \vdots \\ [a_{m1}, b_{m1}] & [a_{m2}, b_{m2}] & \cdots & [a_{mc}, b_{mc}] \end{bmatrix} \tag{5-21}$$

$$= ([a_{ih}, b_{ih}])$$

式中,$i = 1, 2, \cdots, m$;$h = 1, 2, \cdots, c$。并设定 1 级强于 2 级,2 级强于 3 级,c 级最弱。

在实际脆弱性定量分析中指标标准值区间 $[a_{ih}, b_{ih}]$ 有 2 种情况:①$a_{ih} > b_{ih}$,称递减系列,其指标特征值越大,脆弱性越强;②$a_{ih} < b_{ih}$,称递增系列,其指标特征值越小,脆弱性越强。

根据矩阵 I_{ab},按实际情况与物理分析确定吸引域区间 $[a_{ih}, b_{ih}]$ 中相当隶属度等于 1 即 $\mu_{\underset{\sim}{A}}(x_{ij})_h = 1$ 的点值矩阵 M_{ih}。当 M_{ih} 为线性变化时,则 M_{ih} 的点值通用模型为

$$M_{ih} = \frac{c-h}{c-1} a_{ih} + \frac{h-1}{c-1} b_{ih} \tag{5-22}$$

式中,a_{ih},b_{ih} 满足下面 3 个边界条件:①当 $h = 1$ 时,$M_{i1} = a_{i1}$;②当 $h = c$ 时,$M_{ic} = a_{ic}$;③当 $h = l = (c+1)/2$ 时,$M_{il} = (a_{il} + b_{il})/2$,且对递减指标($a > b$,越大越优)、递增指标($a < b$,越小越优)均可适用。

根据待分析样本指标的特征值 x_{ij} 与级别 h 指标 i 的相对隶属度等于 1 的值 M_{ih} 进行比较,如 x_{ij} 落在 M_{ih} 值的左侧,对递增系列,$x_{ij} < M_{ih}$,对递减系列,$x_{ij} > M_{ih}$,其相对隶属模型可表示为

当 x_i 落在 M_{ih} 左侧时

$$\mu_{\underset{\sim}{A}}(x_i)_h = 0.5 \left[1 + \frac{x_i - a_{ih}}{M_{ih} - a_{ih}} \right], \quad x_i \in [a_{ih}, M_{ih}] \tag{5-23}$$

$$\mu_{\underset{\sim}{A}}(x_i)_h = 0.5 \left[1 - \frac{x_i - a_{ih}}{M_{i(h-1)} - a_{ih}} \right], \quad x_i \in [M_{i(h-1)}, a_{ih}] \tag{5-24}$$

当 x_i 落在 M_{ih} 右侧时

$$\mu_{\underset{\sim}{A}}(x_i)_h = 0.5\left[1 + \frac{x_i - b_{ih}}{M_{ih} - b_{ih}}\right], \quad x_i \in [M_{ih}, b_{ih}] \tag{5-25}$$

$$\mu_{\underset{\sim}{A}}(x_i)_h = 0.5\left[1 - \frac{x_i - b_{ih}}{M_{i(h+1)} - b_{ih}}\right], \quad x_i \in [b_{ih}, M_{i(h+1)}] \tag{5-26}$$

式中，$h = 1, 2, \cdots, c$。

根据文献[52]中的可变模糊模型，运用式(5-27)可以计算样本 j 对级别的相对隶属度

$$\mu'_{(hj)} = \frac{1}{1 + \left[\dfrac{\displaystyle\sum_{i=1}^{m}\left[w_i(1 - \mu_{\underset{\sim}{A}}(x_i)_{ih})\right]^p}{\displaystyle\sum_{i=1}^{m}(w_i\mu_{\underset{\sim}{A}}(x_i)_{ih})^p}\right]^{\frac{\alpha}{p}}} \tag{5-27}$$

式中，w_i 为指标权重；m 为分析指标特征参数；α 为模型优化准则参数，p 为距离参数。$\alpha = 1$ 为最小一乘方准则，$\alpha = 2$ 为最小二乘方准则；$p = 1$ 为海明距离，$p = 2$ 为欧氏距离。

根据式(5-28)可计算出非归一化的综合相对隶属度矩阵

$$U' = (\mu'_{(hj)}) \tag{5-28}$$

归一化后，可得到总额和相对隶属度矩阵

$$U = (\mu_{(j)h}) \tag{5-29}$$

式中，$\mu_{(j)h} = \mu'_{(hj)} \Big/ \displaystyle\sum_{h=1}^{c} \mu'_h$。

按文献[52]的级别特征值公式，可计算样本旱灾脆弱性的级别特征值向量

$$H = (1, 2, \cdots, c) \cdot U \tag{5-30}$$

根据 H 可对样本进行综合定量分析。

5.4　河南省农业旱灾脆弱性评价

5.4.1　研究区基本情况

以 2011 年河南省 18 个地区作为评价对象，基本资料见表 5-2。其中农业生产总值、有效灌溉面积、常住人口、行政区域面积等数据来自河南省统计年鉴、河南省水资源公报、地方年鉴、地方水资源公报，年人均用水量、耕地亩均用水量、高效节水灌溉面积、兴利库容等数据来自河南省第一次全国水利普查成果。

表5-2 2011年河南省18个地区有关农业旱灾脆弱性统计指标

指标 地区	F_1	F_2	F_3	F_4	F_5	F_6	F_7	F_8	F_9	F_{10}	F_{11}	F_{12}	F_{13}	F_{14}	F_{15}
单位	‰	米³	米³	%	%	人·千米⁻²	10^{-2}公顷·人	‰	10^4元·公顷⁻²	%	10^4元	人·公顷⁻²	10^{-3}个·公顷⁻²	10米³·公顷⁻²	%
郑州	13.68	204.90	177.80	27.35	58.81	1189.90	3.77	0.45	13.36	1.67	1.11	7.93	139.26	81.10	50.18
开封	139.35	299.30	224.30	0.68	77.76	743.70	8.94	0.66	18.70	10.20	0.65	6.43	220.59	1.65	57.38
洛阳	39.98	211.20	239.40	18.11	32.76	432.24	6.59	0.28	15.99	1.16	0.68	7.83	36.97	1487.59	25.44
平顶山	47.62	217.40	193.00	5.13	64.05	624.21	6.54	0.41	12.91	1.41	0.66	8.24	125.14	302.20	52.74
安阳	80.86	296.00	205.00	17.67	72.92	919.81	7.96	0.73	16.09	0.07	0.76	7.39	196.26	53.97	56.14
鹤壁	46.75	266.40	171.00	11.74	67.91	724.11	7.75	0.56	12.20	0.00	0.83	5.72	212.62	266.48	58.85
新乡	71.97	334.60	224.90	6.04	69.30	686.14	8.39	0.58	13.49	50.55	0.75	5.82	158.46	30.07	59.78
焦作	47.45	353.00	249.00	22.99	83.02	867.11	5.53	0.48	19.40	7.52	0.89	8.27	232.36	40.95	76.07
濮阳	84.50	503.80	355.50	12.92	78.08	850.05	7.95	0.68	15.23	60.60	0.61	7.31	207.72	0.00	67.72
许昌	59.98	216.10	110.90	22.47	70.63	860.69	7.93	0.68	15.84	0.00	0.87	6.48	201.15	45.39	60.45
漯河	59.23	197.60	155.30	5.95	79.78	974.40	7.48	0.73	12.08	0.00	0.77	7.36	264.07	0.00	68.24
三门峡	62.56	179.90	188.30	22.60	30.25	213.41	7.88	0.17	26.11	0.07	0.69	5.96	21.55	891.05	25.53
南阳	130.06	215.50	245.20	2.22	44.44	382.13	10.42	0.40	15.38	10.17	0.68	5.86	77.86	129.28	32.55
商丘	175.36	206.30	142.60	1.28	84.66	687.59	9.63	0.66	16.52	0.00	0.56	6.71	262.17	25.85	76.06
信阳	173.04	317.70	223.80	0.00	55.99	322.85	13.73	0.44	17.80	331.93	0.62	5.30	16.82	250.32	39.28
周口	191.05	205.80	142.10	1.29	71.20	748.39	9.60	0.72	15.72	0.30	0.54	7.27	216.64	0.00	48.82
驻马店	151.44	207.80	162.40	1.25	59.89	472.67	13.45	0.64	11.45	13.94	0.58	5.79	163.89	96.86	47.97
济源	21.04	366.00	338.70	6.54	42.76	352.15	6.88	0.24	13.66	0.00	0.93	6.48	49.60	60.72	35.92

5.4.2　评估指标的分级

目前有关农业旱灾脆弱性等级尚无统一标准。本书将脆弱性分为 5 个等级，其中 1 级为微度脆弱区，2 级为轻度脆弱区，3 级为中度脆弱区，4 级为严重脆弱区，5 级为极度脆弱区。通过对研究区历史灾情资料的调查考证，根据历史灾情确定评价指标分级标准；对其他无法通过历史灾情调查考证确定的指标分级的，采用配线法进行分级，即根据实有资料整理排序，求出频率曲线，分别以 20％、40％、60％、80％频率的对应值为分界点；对有规定的分级标准的指标，按标准进行分级。评价指标等级界限值见表 5-3。

表 5-3　农业旱灾脆弱性评价指标及分级标准

评价指标	1 级微度脆弱	2 级轻度脆弱	3 级中度脆弱	4 级严重脆弱	5 级极度脆弱
F_1	<40	$40\sim80$	$80\sim135$	$135\sim175$	>175
F_2	>360	$360\sim270$	$270\sim210$	$210\sim180$	<180
F_3	<22	$22\sim28$	$28\sim34$	$34\sim40$	>40
F_4	>25	$25\sim15$	$15\sim5$	$5\sim1$	<1
F_5	>83	$83\sim70$	$70\sim55$	$55\sim42$	<42
F_6	<350	$350\sim550$	$550\sim750$	$750\sim950$	>950
F_7	<6	$6\sim7.5$	$7.5\sim9$	$9\sim10.5$	>10.5
F_8	<0.25	$0.25\sim0.40$	$0.40\sim0.55$	$0.55\sim0.70$	>0.70
F_9	<12.5	$12.5\sim14.5$	$14.5\sim17.5$	$17.5\sim19.5$	>19.5
F_{10}	<0.01	$0.01\sim1$	$1\sim10$	$10\sim100$	>100
F_{11}	>0.95	$0.95\sim0.80$	$0.80\sim0.65$	$0.65\sim0.50$	<0.50
F_{12}	>8.1	$8.1\sim7.3$	$7.3\sim6.4$	$6.4\sim5.6$	<5.6
F_{13}	>260	$260\sim200$	$200\sim100$	$100\sim40$	<40
F_{14}	>350	$350\sim150$	$150\sim50$	$50\sim1$	<1
F_{15}	>72	$72\sim58$	$58\sim44$	$44\sim30$	<30

5.4.3　评价指标权重

评价指标的权重是该评价指标在整个评价体系中相对重要性的具体体现,因此,评价指标的权重结构是影响整个评价结果的关键。现行的确定权重方法主要有两类:主观赋权法和客观赋权法。本书采用主观赋权和客观赋权法相结合的组合赋权法。

主观赋权法采用二元比较模糊决策分析法,其基本思想为:先对两个对象进行比较,然后再换两个比较,如此重复多次,每做一次比较得到一个比另一个优越的认识,并将这种模糊认识数量化,最后用模糊数学方法给出总体排序。该方法基于二元互补性决策思维,能更好地发挥决策者知识、经验的作用,进而更好地达成全局决策的意图。

客观赋权法采用熵权法。熵最先由香农引入信息论,目前已经在工程技术、社会经济等领域得到了非常广泛的应用。熵权法的基本思路是根据指标变异性的大小来确定客观权重,在具体使用中,熵权法根据各指标的变异程度,利用信息熵计算出各指标的熵权,再通过熵权对各指标的权重进行修正,从而得出较为客观的指标权重,具体计算步骤如下。

(1) 数据矩阵。

$$A = \begin{bmatrix} X_{11} & \cdots & X_{1m} \\ \vdots & & \vdots \\ X_{n1} & \cdots & X_{nm} \end{bmatrix}_{n \times m} \tag{5-31}$$

式中,X_{ij} 为第 i 个评价对象第 j 个指标的数值。

(2) 数据标准化处理。

正向指标

$$X'_{ij} = \frac{X_{ij} - \min\{X_j\}}{\max\{X_j\} - \min\{X_j\}} \tag{5-32}$$

负向指标

$$X'_{ij} = \frac{\max\{X_j\} - X_{ij}}{\max\{X_j\} - \min\{X_j\}} \tag{5-33}$$

(3) 计算第 i 个评价对象第 j 项指标的比重。

$$Y_{ij} = \frac{X'_{ij}}{\sum_{i=1}^{m} X'_{ij}} \tag{5-34}$$

（4）计算指标信息熵。

$$e_j = -k \sum_{i=1}^{m} (Y_{ij} \times \ln Y_{ij}) \qquad (5-35)$$

（5）计算信息熵冗余度。

$$d_j = 1 - e_j \qquad (5-36)$$

（6）计算指标权重。

$$W_i = d_j / \sum_{j=1}^{n} d_j \qquad (5-37)$$

式中，X_{ij} 表示第 i 个年份第 j 项评价指标的数值；$\min\{X_j\}$ 和 $\max\{X_j\}$ 分别为所有年份中第 j 项评价指标的最小值和最大值；$k = 1/\ln m$，其中 m 为评价年数，n 为指标数。

熵权法通过数学方法对指标间本身内部差异进行评价，可减少人为主观因素对赋权的影响，能客观真实地反映各指标的实际影响程度。

组合权重形式如下：

$$W = \alpha W_1 + (1-\alpha) W_2 \qquad (5-38)$$

式中，W 为组合权重；α 为权重系数。根据实际测算，本章 α 取 0.7。

根据数据算得组合权重为

$$W = (0.0689, 0.0371, 0.1279, 0.032, 0.0945, 0.0226, 0.0426, 0.0616,$$
$$0.0548, 0.0767, 0.0485, 0.0271, 0.1157, 0.1046, 0.0853)$$

5.4.4　相对隶属度计算

利用式(5-30)，可求得河南省 18 个地区对级别 $h(h=1,2,3,4)$ 的 4 种组合的综合相对隶属度，并进行归一化，计算结果如表 5-4 所示。根据级别特征值公式(5-30)，可计算样本旱灾脆弱性的级别特征值向量见表 5-5。

表5-4 4种模型参数组合的综合相对隶属度

h	$a=1,p=1$					$a=1,p=2$					$a=2,p=1$					$a=2,p=2$				
	1	2	3	4	5	1	2	3	4	5	1	2	3	4	5	1	2	3	4	5
郑州	0.1845	0.3408	0.4871	0.1707	0.0307	0.2138	0.3955	0.5403	0.2121	0.0783	0.0487	0.2109	0.4742	0.0406	0.0010	0.0689	0.2998	0.5800	0.0676	0.0072
开封	0.0484	0.2153	0.3777	0.4010	0.0973	0.0901	0.2851	0.4287	0.4268	0.1395	0.0026	0.0700	0.2692	0.3094	0.0115	0.0097	0.1372	0.3602	0.3567	0.0256
洛阳	0.0883	0.3069	0.2925	0.2158	0.2309	0.1235	0.3717	0.3894	0.2491	0.3167	0.0093	0.1639	0.1460	0.0704	0.0827	0.0195	0.2593	0.2891	0.0992	0.1768
平顶山	0.1215	0.4282	0.5226	0.1397	0.0000	0.1632	0.4489	0.5422	0.1593	0.0000	0.0188	0.3594	0.5451	0.0257	0.0000	0.0367	0.3988	0.5838	0.0346	0.0000
安阳	0.1262	0.5644	0.4406	0.1291	0.0384	0.2966	0.6421	0.3713	0.1519	0.0854	0.0204	0.6267	0.3829	0.0215	0.0016	0.1509	0.7630	0.2585	0.0311	0.0086
鹤壁	0.1054	0.4565	0.3047	0.0760	0.0179	0.1418	0.3901	0.2684	0.1085	0.0500	0.0137	0.4137	0.1611	0.0067	0.0003	0.0266	0.2903	0.1186	0.0146	0.0028
新乡	0.0470	0.2755	0.4574	0.3592	0.0788	0.0827	0.2837	0.4148	0.4840	0.1610	0.0024	0.1264	0.4154	0.2392	0.0073	0.0081	0.1356	0.3344	0.4681	0.0355
焦作	0.3005	0.3454	0.3033	0.2921	0.0658	0.3067	0.3298	0.4765	0.3660	0.1128	0.1557	0.2178	0.1593	0.1455	0.0049	0.1637	0.1949	0.4531	0.2500	0.0159
濮阳	0.0849	0.2984	0.2886	0.3168	0.1450	0.1363	0.3150	0.2884	0.4747	0.2460	0.0085	0.1531	0.1414	0.1769	0.0280	0.0243	0.1746	0.1410	0.4496	0.0962
许昌	0.0985	0.3897	0.3177	0.1861	0.0316	0.1652	0.3719	0.2855	0.2222	0.0676	0.0118	0.2896	0.1782	0.0497	0.0011	0.0377	0.2596	0.1376	0.0755	0.0052
漯河	0.2247	0.3602	0.1416	0.1016	0.0539	0.2858	0.3409	0.1459	0.1582	0.0966	0.0775	0.2406	0.0265	0.0126	0.0032	0.1380	0.2110	0.0283	0.0341	0.0113
三门峡	0.2162	0.3685	0.1382	0.1678	0.3158	0.3330	0.5421	0.1824	0.1861	0.3419	0.0707	0.2541	0.0251	0.0391	0.1756	0.1995	0.5837	0.0474	0.0497	0.2126
南阳	0.0130	0.1042	0.3963	0.4990	0.1378	0.0397	0.1396	0.4377	0.5152	0.1623	0.0002	0.0134	0.3011	0.4980	0.0249	0.0017	0.0257	0.3773	0.5304	0.0362
商丘	0.2695	0.1707	0.1712	0.2853	0.1021	0.3408	0.2185	0.1965	0.2657	0.1318	0.1198	0.0407	0.0409	0.1374	0.0128	0.2110	0.0725	0.0565	0.1157	0.0225
信阳	0.0472	0.1248	0.2205	0.3609	0.3467	0.0825	0.1843	0.2397	0.3529	0.5023	0.0024	0.0199	0.0741	0.2418	0.2198	0.0080	0.0485	0.0904	0.2293	0.5046
周口	0.1366	0.4252	0.2879	0.2192	0.1038	0.2666	0.5746	0.2957	0.2224	0.1476	0.0244	0.3537	0.1405	0.0731	0.0132	0.1167	0.6460	0.1498	0.0757	0.0291
驻马店	0.0632	0.1808	0.4533	0.4169	0.0962	0.1210	0.2329	0.4917	0.4462	0.1152	0.0045	0.0464	0.4074	0.3382	0.0112	0.0186	0.0844	0.4834	0.3936	0.0167
济源	0.181	0.1923	0.1343	0.2342	0.144	0.2247	0.2014	0.1577	0.2629	0.2122	0.0466	0.0536	0.0235	0.0856	0.0275	0.0775	0.0598	0.0339	0.1128	0.0677

表 5-5 可变模糊分析法评估结果

样本	$a=1,p=1$	$a=1,p=2$	$a=2,p=1$	$a=2,p=2$	稳定范围	均值
郑州	2.6064	2.6844	2.6574	2.6525	2.6064~2.6844	2.6502
开封	3.2487	3.1755	3.3882	3.2826	3.1755~3.3882	3.2738
洛阳	3.1712	3.1820	3.1128	3.1833	3.1128~3.1833	3.1623
平顶山	2.5614	2.5310	2.6088	2.5849	2.5310~2.6088	2.5715
安阳	2.5297	2.4102	2.3896	2.1614	2.1614~2.5297	2.3727
鹤壁	2.4215	2.5147	2.2717	2.2860	2.2717~2.5147	2.3735
新乡	3.1209	3.2503	3.1549	3.3947	3.1209~3.3947	3.2302
焦作	2.6002	2.7791	2.4527	2.7768	2.4527~2.7791	2.6522
濮阳	3.1223	3.2596	3.1234	3.4728	3.1223~3.4728	3.2445
许昌	2.6704	2.6900	2.5073	2.5171	2.5073~2.6900	2.5962
漯河	2.3196	2.4539	1.9555	1.9822	1.9555~2.4539	2.1778
三门峡	2.9987	2.7867	2.9907	2.5354	2.5354~2.9987	2.8279
南阳	3.5601	3.4796	3.6377	3.5907	3.4796~3.6377	3.5670
商丘	2.7795	2.6784	2.6665	2.3023	2.3023~2.7795	2.6067
信阳	3.7592	3.7405	4.1766	4.3326	3.7405~4.3326	4.0022
周口	2.7683	2.6084	2.4990	2.2672	2.2672~2.7683	2.5357
驻马店	3.2495	3.1434	3.3777	3.3064	3.1434~3.3777	3.2693
济源	2.9637	3.0344	2.9738	3.0948	2.9637~3.0948	3.0167

5.4.5 结果分析

根据文献[95]中的等级判断标准,结合河南省的具体情况,最终确定判断标准如下:$H<1.67$ 为 I 级,$1.67 \leqslant H<2.50$ 为 II 级,$2.50 \leqslant H<3.50$ 为 III 级,$3.50 \leqslant H<4.50$ 为 IV 级,$H \geqslant 4.50$ 为 V 级。得到河南省 18 地区农业干旱脆弱性等级划分计算结果,见表 5-6。

表 5-6 河南省 18 个地区农业旱灾脆弱性等级

郑州	开封	洛阳	平顶山	安阳	鹤壁	新乡	焦作	濮阳
III	III	III	III	II	II	III	III	III

许昌	漯河	三门峡	南阳	商丘	信阳	周口	驻马店	济源
III	II	III	IV	III	IV	III	III	III

从表 5-6 可以看出,河南省 18 个地区中,农业旱灾脆弱性为 IV 级的地区有 2 个,III 级地区有 13 个,II 级地区有 3 个。等级为 III 级的地区比例为 72.2%,因

此,河南省农业旱灾脆弱性整体呈现为Ⅲ级。图5-2为2011年河南省农业旱灾脆弱性分布图。脆弱性最高的2个地区分别为信阳4.0022、南阳3.5670,脆弱性最低的3个地区分别为鹤壁2.3735、安阳2.3727、漯河2.1778。18个地区脆弱性由强到弱排序依次为:信阳、南阳、开封、驻马店、濮阳、新乡、洛阳、济源、三门峡、焦作、郑州、商丘、许昌、平顶山、周口、鹤壁、安阳、漯河。从区域角度看,中部地区脆弱性较低,南部地区脆弱性较高。评价结果与河南省旱灾情势基本相符。本量化评价方法不仅能计算出各地区旱灾脆弱程度而且能够反映承灾主体在灾害发生发展过程中的作用,从而可为管控地区农业旱灾风险提供技术支持。

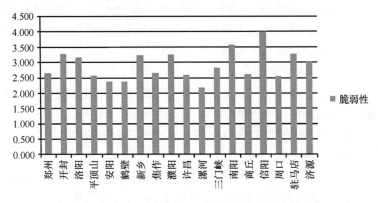

图5-2 2011年河南省农业旱灾脆弱性分布图

5.5 本 章 小 结

河南是全国农业生产大省,其农业生产状况关乎国家粮食安全大局。本章深入分析了农业干旱脆弱性的内涵和形成机理,并综合运用灾害系统理论、可变模糊集理论,构建了河南省农业旱灾脆弱性评价指标体系和评价模型。采用该指标体系和评价模型对河南省18个地区农业旱灾脆弱性进行评估,计算结果基本符合河南省农业生产实际,本量化评价方法不仅能计算出各地区旱灾脆弱程度而且能够反映承灾主体在灾害发生发展过程中的作用,从而可为管控地区农业旱灾风险提供技术支持。

第6章 基于改进突变评价法的
河南省农业干旱风险研究

6.1 突 变 理 论

"突变"一词,法文原意是"灾变",是强调变化过程的间断或突然转换的意思。在自然界和人类社会活动中,除了渐变的和连续光滑的变化现象外,还存在着大量的突然变化和跃迁现象,如水的沸腾、岩石的破裂、桥梁的崩塌、地震、细胞的分裂、生物的变异、人的休克、情绪的波动、战争、市场变化、经济危机等。20世纪70年代,法国数学家托姆系统考察了自然界和社会生活中从一种稳定状态到另一种稳定状态的跃迁,提出的一门新的数学学科——突变理论,它是一门研究客观事物非连续性突然变化特征的科学,是建立在拓扑学、奇点理论基础之上的方法,被誉为"微积分以后数学上的一次革命"[96]。

突变论的主要特点是用形象而精确的数学模型来描述和预测事物的连续性中断的质变过程。突变论是一门着重应用的科学,它既可以用在"硬"科学方面,又可以用于"软"科学方面。当突变论作为一门数学分支时,它是关于奇点的理论,它可以根据势函数把临界点分类,并且研究各种临界点附近的非连续现象的特征。突变论与耗散结构论、协同论一起,在有序与无序的转化机制上,把系统的形成、结构和发展联系起来,成为推动系统科学发展的重要学科之一。

其原理是按照系统的内在作用机理,确定若干评价指标,并对这些指标进行标准化处理,得到类似于模糊隶属度函数的突变模糊隶属度值,并利用突变模型的归一公式进行递归计算,求出系统的综合评价值。它的核心是利用突变理论分歧方程导出的归一公式,建立递归运算法则[97]。突变评价法最大的优点在于只需确定各评价指标的相对重要性,无须对其进行准确的权重赋值,可有效避免主观因素对评价客观性带来的负面影响。但其明显的缺点在于由于归一公式的特点,计算出的综合评价值均较高(接近1),不利于人们的直观判断;如果底层指标隶属度值差距较大,则综合评价值之间过于接近,不利于评价结果的后续利用。而且突变评价结果受到评价指标间的重要程度排序影响。

在实践中,常用的突变理论是指初等突变理论,主要研究势函数,然后根据势函数对临界点进行分类,从而可以研究在临界点附近突变理论的不连续特征,可以解决传统数学方法无法解决的未知问题,因此得以广泛应用。邵东国等[98]运用突变评价法进行农业用水效率的评价;Ahmed等[99]利用突变理论进行干旱地区地下水潜力区的评价;张瑞梅等[100]利用突变理论对吉林西部灌区地下水环境风险进行评价;顾冲时等[101]利用突变理论分析大坝及岩基的稳定性;Su 等[102]运用突变理论研究农业生态系统健康评价的综合指数空间。

　　本章利用突变理论在多目标决策上的优点,将突变理论与综合评价结合起来,建立了河南省农业干旱风险评价的多层指标评价体系,然后根据归一公式进行标准化递归运算,最后得到农业干旱风险的初始综合值。这种方法的优点在于指标评价体系中各目标重要性是根据各目标在归一公式本身中的内在作用机制决定的,因此减少了人为主观性,使分析、评判更趋于实际。

6.2　突变理论的综合评价模型

　　在突变理论中,一个动态系统可用包括状态变量和控制变量的势函数 $f(x)$ (x 为状态变量,$f(x)$ 为势函数表达式)来表示,它的所有临界点集合成一个平衡曲面,令 $f'(x)=0$ 可以得到该平衡曲面方程。该平衡曲面的奇点集可以通过令 $f(x)''=0$ 获得。由 $f'(x)=0$ 和 $f(x)''=0$ 可以得到用状态变量表示的反应各状态变量与各控制变量间分解形式的分歧方程。托姆通过严格的数学证明,当控制变量不多于 4 个,状态变量不多于 2 个时,突变共有 7 种基本形式[103]。常用的几种突变模型见表 6-1。

表 6-1　常用的四种突变模型

突变模型	控制变量	状态变量	势函数	归一公式
折叠突变	1	1	$f(x)=x^3+ax$	$x_a=\sqrt{a}$
尖点突变	2	1	$f(x)=x^4+ax^2+bx$	$x_a=\sqrt{a},x_b=\sqrt[3]{b}$
燕尾突变	3	1	$f(x)=x^5+ax^3+bx^2+cx$	$x_a=\sqrt{a},x_b=\sqrt[3]{b},x_c=\sqrt[4]{c}$
蝴蝶突变	4	1	$f(x)=x^6+ax^4+bx^3+cx^2+dx$	$x_a=\sqrt{a},x_b=\sqrt[3]{b},x_c=\sqrt[4]{c},x_d=\sqrt[5]{d}$

　　根据目标各评价指标间的重要性不同,在使用突变理论模型进行综合评价研究时,常用的评价准则有 3 种[104]:

　　(1)非互补准则:当各控制变量对状态变量不可相互弥补时,按"大中取小"的原则取状态变量 x 值;

　　(2)互补准则:指标的各控制变量对状态变量可以相互弥补时,取指标的各控制变量相对应的状态变量的平均值求 x 的值;

　　(3)超过阈值互补准则:当各控制变量要求超过一定阈值后才能相互弥补不足时,按照超过阈值后取平均值原则来取 x 的值。

6.3　河南省农业干旱风险评价

6.3.1　调整初始综合值的突变评价方法

由于归一公式的聚集特点,最终的综合评价值较高,且评价值之间的差距较小,难以直观地观察。采用调整初始综合值的方法[105]克服综合评价值过高和过于接近的缺陷。

根据指标评价体系,考虑精确度的问题,分别计算底层控制变量全部为$\{0,0.05,0.1,0.15,\cdots,1\}$时的顶层突变评价值$r_j$,并将这21个值作为描述初始综合值的等级刻度,不同等级水平的对应区间为$[r_i,r_{i+1}]$($i=1,2,3,\cdots,19$)。通过递归计算得到河南省农业干旱风险等级的初始综合评价值$R_j\{R_1,R_2,\cdots,R_n\}$($n$为待评价的河南省农业干旱风险综合评价值个数)后,再根据其映射到对应的均匀区间上,得到综合初始值的评价值,令改进的突变评价法得到的调整综合值为$R'_j$$\{R'_1,R'_2,\cdots,R'_n\}$($n=1,2,3,\cdots,20$),则

$$R'_j=\left(\frac{R_j-r_i}{r_{i+1}-r_i}+i\right)\times 0.05 \tag{6-1}$$

通过上述调整,可将较集中的初始综合评价值调整到0到1之间的20个子区间中,从而提高综合评价值的分辨率水平,更加直观地区别评价值的等级与大小。

6.3.2　农业干旱风险评价指标体系

引起农业干旱的因素众多,各影响因素之间的相互作用复杂,结合河南省各市区的农业现状,以暴露性、脆弱性、危险性和抗旱能力为评价准则作为基本框架,构建出河南省农业干旱指标评价体系。选取水田密度、播种面积、人口密度、耕地面积占有率作为暴露性指标,构成蝴蝶突变;选取灌溉指数、人均粮食产量、人均耕地面积作为脆弱性指标,构成燕尾突变;选取降雨距平、耕地亩均用水量、单位耕地面积兴利库容作为危险性指标,构成燕尾突变;选取单位耕地面积农村劳动力、旱涝保收面积、农民人均纯收入作为抗旱能力指标,构成燕尾突变。河南省农业干旱指标评价体系及其突变模型见表6-2。

由于突变评价结果受到评价指标间重要程度排序的影响,所以要对指标的重要性进行排序。本书采用熵值法计算指标层各个指标的权重,根据权重的大小判断各指标的重要程度,对指标进行排序。

熵值法属于客观赋权法,其出发点是根据各评价指标值之间的差异程度来确定权重系数。在由i个待评价对象,j个评价指标所构成的指标数据矩阵$X=\{x_{ij}\}_{n\times m}$中,数据的离散程度越大,信息熵越小,提供的信息量越大,该指标对综合评价的影响越大,其权重也越大;反之,各指标值差异越小,信息熵越大,其提供的

信息量则越小，该指标对评价结果的影响也越小，其权重亦应越小[131,132]。计算步骤如下：

（1）原始数据标准化：

对于正向指标，其标准化方程采用

$$X_{ij} = \frac{x_{ij} - x_{\min}}{x_{\max} - x_{\min}} \tag{6-2}$$

对于逆向指标，其标准化方程采用

$$X_{ij} = \frac{x_{\max} - x_{ij}}{x_{\max} - x_{\min}} \tag{6-3}$$

式中，x_{ij} 为第 i 个评价对象、第 j 项指标的原始数值；X_{ij} 为标准化后的指标值；$x_{\max}$，$x_{\min}$ 分别为第 j 项指标的最大值和最小值。

（2）将各指标同度量化，计算第 j 项指标在第 i 个评价对象指标值的比重 p_{ij}

$$p_{ij} = \frac{x_{ij}}{\sum_{i=1}^{m} x_{ij}}, \quad i = 1,2,\cdots,m, \quad j = 1,2,\cdots,n \tag{6-4}$$

式中，m 为待评价对象个数；n 为指标个数。

（3）计算第 j 项指标的熵值 e_j

$$e_j = -k \sum_{i=1}^{m} p_{ij} n \ln p_{ij} \tag{6-5}$$

式中，$k = \frac{1}{\ln m}$；$e_j \geq 0$；当 $p_{ij} = 0$ 时，令 $p_{ij} \ln p_{ij} = 0$。

（4）计算第 j 项指标的差异系数 g_j，$g_j = 1 - e_j$。

（5）计算指标权重 $w_i = \frac{g_i}{\sum_{j=1}^{m} g_j} (j = 1,2,\cdots,m)$。

熵值法在确定权重系数的过程中避免了人为因素的干扰，能够较为客观地反映各评价指标在综合评价指标体系中的重要性[108]，所以本书采用熵值法来确定指标权重。河南省农业干旱指标权重计算结果见表 6-2。

表 6-2　河南省农业干旱指标评价体系及其权重

目标层	准则层	指标层	指标计算方法	突变模型
旱灾风险	暴露性 $A_1(0.682)$	水田密度/‰$B_1(0.825)$	水田面积/区域面积	蝴蝶突变
		播种面积/10^3 公顷 $B_2(0.077)$	河南省统计年鉴	
		人口密度人/千米$^2 B_3(0.053)$	常住人口/区域面积	
		耕地面积占有率/%$B_4(0.044)$	耕地面积/区域面积	

目标层	准则层	指标层	指标计算方法	突变模型
旱灾风险	脆弱性 A_2(0.132)	灌溉指数/% B_5(0.3460) 人均粮食产量/千克 B_6(0.322) 人均耕地面积/(千米²/万人)B_7(0.219)	有效灌溉面积/耕地面积 粮食产量/常住人口 耕地面积/常住人口	燕尾突变
	危险性 A_3(0.094)	降雨距平/毫米 B_8(0.588) 耕地亩均用水量/(米³/亩)B_9(0.262) 单位耕地面积兴利库容 /(10⁴ 米³/10³ 公顷)B_{10}(0.148)	降雨量-多年平均降雨量 全国水利普查 兴利库容/耕地面积	燕尾突变
	抗旱能力 A_4(0.093)	单位耕地面积农村劳动力 /(人/公顷)B_{11}(0.505) 旱涝保收面积/10³ 公顷 B_{12}(0.283) 农民人均产收入/元 B_{13}(0.215)	乡村劳动力/耕地面积 河南省统计年鉴 河南省统计年鉴	燕尾突变

6.3.3　基于突变理论的多准则评价步骤

（1）按系统内在的作用机制，合理地选择指标，建立指标评价体系，根据熵值法计算指标层各个指标的权重并判断其重要性，将各指标按照其重要性依次排列。

（2）对底层指标（控制变量）值进行标准化处理，得到一组[0,1]上的初始隶属度值。对于初始值 x_i 越大，导致的综合评价值越大的指标，根据式(6-2)进行标准化处理；对于初始值 x_i 越小，导致的综合评价值越大的指标，根据式(6-3)进行标准化处理。

（3）利用归一公式，对中间状态变量和底层指标控制变量进行归一计算，逐层计算，求出系统的初始综合评价值 R_j。

（4）将等级刻度进一步划分，分别计算底层控制变量，取{0,0.05,0.1,0.15,…,1}时的顶层突变评价值 r_j，并将这些值作为刻画常规突变评价综合值的等级刻度，不同等级的相应区间为[r_i,r_{i+1}](i=1,2,3,…,19)。

（5）根据计算得出的初始综合评价值 R_j，再根据其所属的等级刻度[r_i,r_{i+1}]（i=1,2,3,…,19），将其映射到对应的均匀区间上，根据式(6-1)得到初始综合评价值的调整值 R'_j，即改进的突变评价法得出的调整综合值。

6.3.4　数据来源

农业干旱是多种自然因素和人为因素共同作用的结果，根据有关统计资料显示，河南省农业干旱发生具有频率高、受旱面积大的特点，对农业生产造成严重的影响。本书以河南省 2011 年为评价现状年并收集了有关数据（见表 6-3）。其中水田面积、降雨量、多年平均降雨量、播种面积、有效灌溉面积、常住人口、耕地面积、粮食产量、农民人均纯收入等数据来源于《河南省统计年鉴》《河南省水资源公报》，耕地亩均用水量、兴利库容等数据来源于河南省第一次全国水利普查成果。

表 6-3　河南省 18 个市区评价指标数据

	B_1	B_2	B_3	B_4	B_5	B_6	B_7	B_8	B_9	B_{10}	B_{11}	B_{12}	B_{13}
郑州	1.67	509.82	1189.90	4.5	58.811	188.149	3.767	25.487	26.67	81.10	7.93	167.49	11050
开封	10.20	799.02	743.70	6.6	77.762	555.687	8.938	−101.567	33.65	1.65	6.43	239.00	6492
洛阳	1.16	697.75	432.24	2.8	32.770	351.370	6.593	102.367	35.91	1487.59	7.83	110.17	6822
平顶山	1.41	547.66	624.21	4.1	64.036	400.732	6.537	−37.287	28.95	302.20	8.24	169.64	6578
安阳	0.07	747.24	919.81	7.3	72.932	656.311	7.956	−72.280	30.75	53.97	7.39	230.02	7586
鹤壁	0.00	191.79	724.11	5.6	67.888	717.089	7.754	−107.867	25.65	266.48	5.72	72.10	8271
新乡	50.55	794.59	686.14	5.8	69.295	689.452	8.390	−55.600	33.74	30.07	5.82	283.90	7532
焦作	7.52	352.80	867.11	4.8	83.017	568.074	5.531	116.427	37.35	40.95	8.27	148.53	8902
濮阳	60.60	497.87	850.05	6.8	78.072	712.669	7.954	−61.920	53.33	0.00	7.31	191.77	6082
许昌	0.00	601.48	860.69	6.8	70.612	644.698	7.929	−98.240	16.64	45.39	6.48	206.12	8651
漯河	0.00	368.69	974.40	7.3	79.791	663.294	7.477	−175.633	23.30	0.00	7.36	130.11	7700
三门峡	0.07	246.94	213.41	1.7	30.233	279.420	7.881	88.907	28.25	891.05	5.96	45.06	6929
南阳	10.17	1862.57	382.13	4.0	44.440	585.982	10.424	−162.027	36.78	129.28	5.86	343.75	6776
商丘	0.00	1388.80	687.59	6.6	84.664	826.345	9.629	−129.567	21.39	25.85	6.71	539.03	5637
信阳	331.93	1222.86	322.85	4.4	55.987	948.740	13.733	−555.493	33.57	250.32	5.30	329.62	6153
周口	0.30	1710.97	748.39	7.2	71.199	834.860	9.601	−241.100	21.32	0.00	7.27	419.51	5448
驻马店	13.94	1646.23	472.67	6.4	59.889	965.952	13.446	−368.913	24.36	96.86	5.79	457.31	5804
济源	0.00	57.48	352.15	2.4	42.805	316.912	6.878	19.500	50.81	60.72	6.48	16.80	9341

表6-4　河南省18个市区评价指标标准化数据

	B_1	B_2	B_3	B_4	B_5	B_6	B_7	B_8	B_9	B_{10}	B_{11}	B_{12}	B_{13}
郑州	0.005	0.251	1.000	0.500	0.475	1.000	0.000	0.135	0.727	0.945	0.114	0.711	0.000
开封	0.031	0.411	0.543	0.875	0.127	0.527	0.519	0.324	0.536	0.999	0.620	0.575	0.814
洛阳	0.003	0.355	0.224	0.196	0.953	0.790	0.284	0.021	0.475	0.000	0.148	0.821	0.755
平顶山	0.004	0.272	0.421	0.429	0.379	0.727	0.278	0.229	0.664	0.797	0.010	0.707	0.798
安阳	0.000	0.382	0.723	1.000	0.216	0.398	0.420	0.281	0.615	0.964	0.296	0.592	0.618
鹤壁	0.000	0.074	0.523	0.696	0.308	0.320	0.400	0.334	0.754	0.821	0.859	0.894	0.496
新乡	0.152	0.408	0.484	0.732	0.282	0.355	0.464	0.256	0.534	0.980	0.825	0.489	0.628
焦作	0.023	0.164	0.669	0.554	0.030	0.512	0.177	0.000	0.436	0.972	0.000	0.748	0.383
濮阳	0.183	0.244	0.652	0.911	0.121	0.326	0.420	0.265	0.000	1.000	0.323	0.665	0.887
许昌	0.000	0.301	0.663	0.911	0.258	0.413	0.418	0.319	1.000	0.969	0.603	0.637	0.428
漯河	0.000	0.172	0.779	1.000	0.090	0.389	0.372	0.435	0.818	1.000	0.306	0.783	0.598
三门峡	0.000	0.105	0.000	0.000	1.000	0.883	0.413	0.041	0.684	0.401	0.778	0.946	0.736
南阳	0.031	1.000	0.173	0.411	0.739	0.489	0.668	0.414	0.451	0.913	0.811	0.374	0.763
商丘	0.000	0.738	0.486	0.875	0.000	0.179	0.588	0.366	0.871	0.983	0.525	0.000	0.966
信阳	1.000	0.646	0.112	0.482	0.527	0.022	1.000	1.000	0.539	0.832	1.000	0.401	0.874
周口	0.001	0.916	0.548	0.982	0.247	0.169	0.585	0.532	0.872	1.000	0.337	0.229	1.000
驻马店	0.042	0.880	0.266	0.839	0.455	0.000	0.971	0.722	0.790	0.935	0.835	0.156	0.936
济源	0.000	0.000	0.142	0.125	0.769	0.834	0.312	0.144	0.069	0.959	0.603	1.000	0.305

6.3.5　底层指标数据的标准化

根据基于突变理论的多准则评价方法中步骤(2)中的式(6-2)、式(6-3)对原始数据进行标准化处理,播种面积、人口密度、耕地面积占有率、人均耕地面积等指标的初始值越大,导致的风险越大,所以根据式(6-2)进行标准化处理。水田密度、灌溉指数、降水距平、耕地亩均用水量、单位耕地面积兴利库容、单位耕地面积农村劳动力、旱涝保收面积、农民人均纯收入等指标的初始值越小,导致的风险越大,所以根据式(6-3)进行标准化处理。数据标准化处理结果见表 6-4。

6.3.6　等级刻度的计算

根据各指标构成的突变模型,分别计算底层控制变量全部取{0,0.05,0.1, 0.15,…,1}时的顶层突变评价值 r_j,计算结果见表 6-5。

表 6-5　河南省 2011 年农业干旱风险突变评价等级刻度计算表

等级刻度 r_j	0	0.705	0.784	0.817	0.842	0.861	0.878	0.892	0.905	0.917	0.927
等级		1	2	3	4	5	6	7	8	9	10	11
等级刻度 r_j	0.937	0.946	0.954	0.962	0.969	0.976	0.982	0.988	0.994	1
等级	12	13	14	15	16	17	18	19	20	

6.3.7　常规突变评价值与其调整值的计算

根据突变理论的多准则评价方法中的计算步骤,对底层指标进行标准化处理和逐层递归计算,根据式(6-1)得到初始综合评价值的调整值 R'_j,即改进的突变评价法得出的调整综合值。计算结果见表 6-6。

表 6-6　河南省 2011 年农业干旱风险初始综合评价值及其调整综合值

市名	郑州	开封	洛阳	平顶山	安阳	鹤壁	新乡	焦作	濮阳
R_j	0.852	0.905	0.846	0.882	0.895	0.888	0.911	0.843	0.877
等级	5	8	5	7	8	7	9	5	6
R'_j	0.277	0.448	0.261	0.364	0.410	0.385	0.474	0.251	0.346
市名	许昌	漯河	三门峡	南阳	商丘	信阳	周口	驻马店	济源
R_j	0.900	0.888	0.799	0.919	0.865	0.936	0.905	0.901	0.839
等级	8	7	3	10	6	11	8	8	4
R'_j	0.381	0.386	0.173	0.509	0.313	0.594	0.450	0.434	0.244

6.3.8　农业干旱风险综合评价值调整前后对比分析

对调整前后的数值进行对比分析(见表 6-6、图 6-1),可以清楚地看出,调整前的初始综合值集中在区间[0.7，1]，无法直观地区别各市干旱的风险等级；而调整后的数据分布在区间[0.1，0.6]，可以更加直观地观察出各市农业干旱风险的等级和大小。

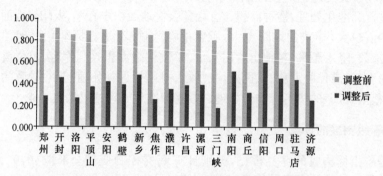

图 6-1　河南省 2011 年农业干旱风险综合值调整前后对比

　　此外，根据计算结果，河南省 18 个地区中，农业干旱等级 $N{\leqslant}5$ 的有郑州、洛阳、焦作、三门峡、济源等 5 个地区；农业干旱等级 $5{<}N{<}10$ 的有开封、平顶山、安阳、鹤壁、新乡、濮阳、许昌、漯河、商丘、周口、驻马店等 11 个城市；农业干旱等级 $N{\geqslant}10$ 的有南阳、信阳 2 个城市。除了气象因素（降雨距平）外，水田密度、播种面积和旱涝保收率等因素相对于其他因素对农业干旱造成的影响比较大，与河南省农业干旱灾情基本相符。

6.4　河南省粮食产量风险等级评价

　　粮食是关系国计民生的重要战略产品，"无农则不稳，无粮则乱"。改革开放以来，我国粮食储备达到历史最高水平，但由于人口不断增长、耕地数量不断减少，同时伴随着自然因素以及各种社会经济因素的影响，粮食生产的不稳定性趋势日益增强，粮食生产出现大幅度的波动，严重制约着我国社会和经济的稳定与发展。

　　粮食生产的自然风险属性是指粮食生产活动多数是在田地中进行，具有范围大、周期长、季节性明显、易受天气影响等特点。常见的自然灾害有暴雨洪涝、干旱、寒害等，这些都会对粮食产量造成不利影响，是导致粮食生长发育和产量波动的主要原因，不同区域造成粮食产量波动的主要致灾因子有所不同，不同致灾因子在不同粮食作物的不同生长阶段的影响程度也不同。

　　不同国家，由于经济条件和技术的差异，针对粮食产量的研究也各有不同，SAHA[109]、田中[110]、DOMROS[111]根据降雨量以及水分平衡对粮食产量展开研究；高桥[112]在研究此课题时，把角度扩大到太阳活动、气候变化与粮食产量之间的关系上，虽然国外对粮食产量的研究非常重视，但是研究区域主要针对东南亚和南亚，且研究方法比较单一。我国有关粮食问题的研究很多，但多数是利用诸如灾害成因分析法、风险分析法以及一些气象资料和灾情数据分析等方法,例如,李大银等[113]通过研究水稻、玉米减产的原因对綦江县 2006 年的粮食产量进行分析;邓国等[114]采用数字仿真技术预测未来年份的粮食产量风险;陈加金等[115]利用福建省 1978～2004 年的粮食单产资料,通过相对气象产量的变化来表征粮食产量的风险程度;胡应南等[116]采用线性回归、滑动平均 M-K 突变检测和模糊综合评判等方法,分析研究 1951～2010 年华北平原各省份的粮食减产风险。虽然我国在粮食产量问题上取得了大量的研究成果,但是研究方法较为单一,实用性和可操作性强的粮食产量风险评价模型少之又少。因此,本书引入了一种新的粮食产量评估方法——突变级数法。

突变级数法将突变理论与模糊数学结合起来,又称突变模糊隶属函数,这种方法不仅减少了目前评价方法中由于权重确定带来的主观性,而且权衡了各层次评价指标的相对重要性。采用定性与定量相结合的方法,既减少了人为主观性,又不失科学合理性,且该方法简单、准确,可适用于多目标的评价与决策。

突变级数法的基本原理是将所研究系统的评价指标进行多层次分解,排列成倒立的树枝状结构。将最底层的控制变量带入相应的突变模型中进行归一化计算,并按照"互补"或"非互补"原则计算出该层的突变级数。最后,逐层向上计算各层的突变级数,并根据最高层的突变级数将所研究的系统分级。但其明显的缺点在于,由于归一公式的特点,计算出的综合评价值均较高(接近 1),不利于人们的直观判断,如果底层指标隶属度值差距较大,则综合评价值之间过于接近,不利于评价结果的后续利用[117],而且突变评价结果受到评价指标间的重要程度排序影响。

突变级数法科学合理、方便快捷,可以解决传统数学方法无法解决的未知问题,因此得以广泛应用。Ahmed、Shahid 等利用突变级数法进行干旱地区地下水潜力区的评价;Su 等运用突变级数法研究农业生态系统健康评价的综合指数空间;曹伟等[118]利用给突变级数法对青海木里矿区冻土环境进行评价。

本章利用突变级数法在多目标决策上的优点,将突变级数法与综合评价结合起来,建立了河南省粮食产量风险评估的多层指标评价体系,然后根据归一公式进行标准化递归运算,最后得到粮食产量的突变评价综合值。这种方法的优点在于指标评价体系中各目标重要性的确定是根据各目标在归一公式本身中的内在作用机制决定的,因此减少了人为主观性,使分析、评判更趋于合理。

6.4.1 利用拟合函数改进的突变评价方法

突变评价法虽然计算简单快捷,评价结果真实可靠,但也存在着不可忽视的缺陷。一方面,评价体系各指标间重要程度的排序不同,会导致评价结果存在一定的差异;另一方面,也是最重要的,归一公式本身的聚集投入点,使得评价值之间过高,而且评价值之间差距较小,难以从直观上对评价对象进行"优""劣"的判断[119]。

为克服以上缺陷,将突变评价法按归一公式得出的综合评价值转化为更具有实际意义的综合评价值,本书参考文献[120]进行以下改进:①选择合理的评价指标,利用熵值法计算各指标权重,并按其重要程度进行排序。②综合评价值的转换。在评价指标确定的前提下,设当底层各个指标对应的隶属度值均为 $x_i(i=1,2,\cdots,n)$ 时,由突变评价方法进行计算,可得到其综合评价值为 $y_i(i=1,2,\cdots,n)$,对得到的 y_i 与 x_i 进行多项式拟合,从而拟合出 y_i 与 x_i 的关系式,接下来可运用拟合多项式将 y_i 值转换为与之对应的 x_i 值。底层指标的隶属度取值具有习惯意义上的"优""劣"概念,因此转换后的突变评价值也具有习惯意义上的"优""劣"概念。

6.4.1.1 粮食产量评价指标体系

影响粮食产量的因素是多样而复杂的,粮食生产受到投入、天气、政策等多方面因素的影响,结合以往的相关研究[121],本书筛选了平均气温、日照时数、降雨量、相对湿度、农药使用量、农用地膜使用量、化肥施用折纯量、农村用电量、播种面积、农用机械总动力、有效灌溉面积(当年实灌)、机电灌溉面积、旱涝保收面积等指标,定量对河南省粮食产量进行评价分析。(河南省粮食产量指标评价体系及其突变模型见表 6-7)

6.4.1.2 指标权重计算

熵值法在确定权重系数的过程中避免了人为因素的干扰,能够较为客观地反映各评价指标在综合评价指标体系中的重要性,所以本书采用熵值法来确定指标权重。河南省粮食产量指标权重计算结果见表 6-7。

表 6-7 河南省粮食产量指标评价体系及其权重

目标层	准则层	指标层	指标计算方法	突变模型
粮食产量风险	气候因素 A_1(0.304)	相对湿度/% B_1(0.272)	地方年鉴	蝴蝶突变
		日照时数/小时 B_2(0.271)	地方年鉴	
		平均气温/℃ B_3(0.241)	地方年鉴	
		降雨量/毫米 B_4(0.208)	地方年鉴	
	农用物资 A_2(0.253)	农用地膜使用量/吨 B_5(0.36)	地方年鉴	燕尾突变
		农药使用量/吨 B_6(0.35)	地方年鉴	
		化肥施用折纯量/10^2 吨 B_7(0.293)	地方年鉴	
	生产条件 A_3(0.245)	农村用电量/亿千瓦时 B_8(0.377)	地方年鉴	燕尾突变
		农用机械总动力/万千瓦 B_9(0.324)	地方年鉴	
		播种面积/10^3 公顷 B_{10}(0.300)	地方年鉴	
	农田水利 A_4(0.196)	机电灌溉面积/10^3 公顷 B_{11}(0.356)	地方年鉴	燕尾突变
		有效灌溉面积(当年实灌)/10^3 公顷 B_{12}(0.332)	地方年鉴	
		旱涝保收面积/10^3 公顷 B_{13}(0.321)	地方年鉴	

为了便于评价,结合河南省各市区实际情况,建立如表 6-8 所示的全部底层指标隶属度值 x_i 与粮食产量风险等级的对应关系。

表 6-8　底层指标隶属度值 x_i 的等级划分

底层指标隶属度值 x_i	0∶0.2	0.2∶0.4	0.4∶0.6	0.6∶0.8	0.8∶1
粮食产量等级	I 级	II 级	III 级	IV 级	V 级

6.4.2　改进的突变评价法的计算步骤

突变理论作为一门以突变现象为研究对象的理论,被广泛应用于许多学科中,其中常见的一种应用是利用突变衍生出来的突变级数法来解决多目标决策问题。根据前面提出的改进方法,归纳总结出改进的突变评价法计算步骤:

(1) 根据系统的内在作用机理,对评价总指标逐层分解建立多级树状指标体系,并根据熵值法计算各层次指标的权重并判断其重要性,将各指标按其重要性有强到弱依次排列。

(2) 对底层指标进行原始数据标准化,即将各指标原始数据采用隶属度函数法转换为[0,1]的无量纲数值,得到初始模糊隶属函数值,对正向指标,采用式(6-2)进行原始数据标准化;对逆向指标采用式(6-3)进行原始数据标准化。

(3) 确定评价指标体系各层指标构成的突变模型,按照 6.4.1 节中提出的改进方法,建立底层指标的隶属度值与突变评价值之间的拟合函数。

(4) 根据 6.4.1 节中提出的突变理论评价法及各层指标构成的突变模型,按照对应的归一公式,逐层计算各个评价对象的突变综合评价值。

(5) 运用底层指标的隶属度值与突变综合评价值之间的拟合函数关系式,将各个评价对象的突变综合评价值进行转换,转换成与之相对应的底层指标的隶属度值,即改进后突变综合评价值,按此进行评价等级划分。

6.4.3　数据来源

粮食产量受气候、生产条件以及农田水利等多种因素的影响,各因素对粮食生产的影响大小也各有不同,有些因素直接对粮食生产发挥作用,有些间接对粮食生产发挥作用。本书以河南省 2011 年为评价现状年并收集了有关数据(见表 6-9)。表中数据来源于《河南省统计年鉴》以及河南省各市的统计年鉴。

6.4.4　底层指标数据标准化

根据前面基于突变级数法的多准则评价步骤(2)中的式(6-2)、式(6-3)对原始数据进行标准化处理,即日照时数、降雨量、相对湿度、农药使用量、农用地膜使用量、化肥施用折纯量、农村用电量、播种面积、农用机械总动力、有效灌溉面积(当年实灌)、机电灌溉面积、旱涝保收面积等指标根据式(6-2)进行标准化处理;平均气温根据式(6-3)进行标准化处理。数据标准化处理结果见表 6-10。

表 6-9 河南省 14 个市区评价指标数据

	B_1	B_2	B_3	B_4	B_5	B_6	B_7	B_8	B_9	B_{10}	B_{11}	B_{12}	B_{13}
郑州	65	1603	15.1	733.7	7773	4360	2360.09	38.27	521.22	509.82	168.53	174.94	167.49
开封	67	2267.6	14	656.3	10354	6408	1915.62	8.17	681.24	799.02	283.61	313.05	239
平顶山	62	1676.1	14.6	900.9	4296	3980	3545.05	9.53	362.07	547.66	136.63	169.36	169.64
安阳	65	2447.1	13.2	609.8	18846	5636	4333.37	27.96	583.03	747.24	253.79	285.82	230.02
鹤壁	64	1719.2	14.4	610.8	884	1462	761.04	2.25	223.54	191.79	79.96	76.28	72.1
焦作	62	1930.6	15.3	816.8	1850	4788	2028.62	12.78	385.13	352.8	161.01	156.19	148.53
濮阳	71	2074.2	13.4	588.8	6083	4493	2612.32	6.65	418.36	497.87	179.44	218.5	191.77
漯河	71	2181	14.7	712.9	3524	2475	1679.38	4.71	255.14	368.69	151.77	130.49	130.11
三门峡	62	2354.3	13.2	852	3337	2646	967.04	3.42	170	246.94	25.13	41.14	45.06
南阳	73	1579.9	15.5	784	27042	19073	8430.25	17.9	1165.63	1862.57	277.12	386.84	343.75
商丘	72	1789.4	13.5	706.7	11769	19044	7391.05	16.42	1140.26	1388.8	594.93	565.38	539.03
信阳	74	1570.1	15.4	717.2	12082	9447	5156.61	12.92	510.48	1222.86	111.61	350.9	329.62
驻马店	72	2000	14.9	652.9	11267	6229	7026.46	16.09	1361.44	1646.23	461.38	539.67	457.31
济源	68	1844.8	15	859.3	477	523	237.21	1.78	107.86	57.48	9.03	15.76	16.8

表 6-10　河南省 14 个市区评价指标标准化数据

	B_1	B_2	B_3	B_4	B_5	B_6	B_7	B_8	B_9	B_{10}	B_{11}	B_{12}	B_{13}
郑州	0.25	0.04	0.17	0.46	0.27	0.21	0.26	1.00	0.33	0.25	0.27	0.29	0.29
开封	0.42	0.80	0.65	0.22	0.37	0.32	0.20	0.18	0.46	0.41	0.47	0.54	0.43
平顶山	0.00	0.12	0.39	1.00	0.14	0.19	0.40	0.21	0.20	0.27	0.22	0.28	0.29
安阳	0.25	1.00	1.00	0.07	0.69	0.28	0.50	0.72	0.38	0.38	0.42	0.49	0.41
鹤壁	0.17	0.17	0.48	0.07	0.02	0.05	0.06	0.01	0.09	0.07	0.12	0.11	0.11
焦作	0.00	0.41	0.09	0.73	0.05	0.23	0.22	0.30	0.22	0.16	0.26	0.26	0.25
濮阳	0.75	0.57	0.91	0.00	0.21	0.21	0.29	0.13	0.25	0.24	0.29	0.37	0.34
漯河	0.75	0.70	0.35	0.40	0.11	0.11	0.18	0.08	0.12	0.17	0.24	0.21	0.22
三门峡	0.00	0.89	1.00	0.84	0.11	0.11	0.09	0.04	0.05	0.10	0.03	0.05	0.05
南阳	0.92	0.01	0.00	0.63	1.00	1.00	1.00	0.44	0.84	1.00	0.46	0.68	0.63
商丘	0.83	0.25	0.87	0.38	0.43	1.00	0.87	0.40	0.82	0.74	1.00	1.00	1.00
信阳	1.00	0.31	0.04	0.41	0.44	0.48	0.60	0.31	0.32	0.65	0.18	0.61	0.60
驻马店	0.83	0.49	0.26	0.21	0.41	0.31	0.83	0.39	1.00	0.88	0.77	0.95	0.84
济源	0.50	0.31	0.22	0.87	0.00	0.00	0.00	0.00	0.00	0.00	0.00	0.00	0.00

6.4.5 构建拟合函数关系式

根据表 6-7 所示的指标评价体系,令所有底层指标的隶属度值(x)均为{0,0.05,0.1,…,1},按照 6.4.1 节中的方法,可计算出相对应的突变评价值(y),计算结果见表 6-11。

表 6-11 底层指标隶属度值与对应的突变评价值

x	0	0.05	0.1	0.15	0.2	0.25	0.3	0.35	0.4	0.45	0.5
y	0	0.732	0.784	0.817	0.843	0.861	0.878	0.892	0.905	0.917	0.927

x	0.55	0.6	0.65	0.7	0.75	0.8	0.85	0.9	0.95	1
y	0.937	0.946	0.954	0.962	0.969	0.976	0.982	0.988	0.994	1

x 与 y 的拟合函数曲线见图 6-2,拟合函数为

$$y = 0.0915\ln(x) + 0.9936 \tag{6-6}$$

相关系数 $R^2 = 0.996$,因此该拟合函数与拟合曲线较为吻合,所以可以根据式(6-6)将个评价对象的突变综合评价值转换成与之相对应的具有显著"优""劣"含义的底层指标隶属度值,并以此作为改进后的评价值。

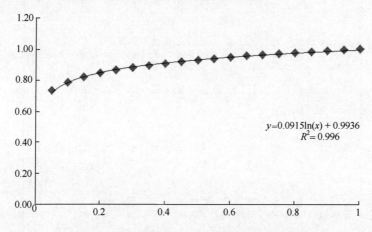

图 6-2 突变评价值与底层指标隶属度的拟合曲线

6.4.6 改进的突变综合评价值计算

首先,根据表 6-7 给出的指标评价体系,判断底层指标构成的突变模型,并将初始隶属度值代入相应的归一公式,逐层计算突变子综合评价值。以郑州市为例,具体计算过程如下。

由于 $B_1 \sim B_4$ 构成蝴蝶突变,根据归一公式进行计算有

$$X_{B_1}=0.25^{1/2}=0.5,\quad X_{B_2}=0.04^{1/3}=0.335$$
$$X_{B_3}=0.17^{1/3}=0.646,\quad X_{B_4}=0.25^{1/5}=0.858$$

互补,取均值得

$$A_1=(X_{B_1}+X_{B_2}+X_{B_3}+X_{B_4})/4=0.585$$

同理,底层指标 $B_5 \sim B_5$, $B_8 \sim B_{10}$, $B_{11} \sim B_{13}$ 构成燕尾突变(互补),根据表 6-1 中归一公式进行逐层计算有:

$$X_{B_5}=0.27^{1/2}=0.524,\quad X_{B_6}=0.21^{1/3}=0.591$$
$$X_{B_7}=0.26^{1/4}=0.713,\quad X_{B_8}=1.00^{1/2}=1.00$$
$$X_{B_9}=0.33^{1/3}=0.691,\quad X_{B_{10}}=0.25^{1/4}=0.708$$
$$X_{B_{11}}=0.27^{1/2}=0.522,\quad X_{B_{12}}=0.29^{1/3}=0.622$$
$$X_{B_{13}}=0.29^{1/4}=0.733$$

互补,取均值得

$$A_2=(X_{B_5}+X_{B_6}+X_{B_7})/3=0.610$$
$$A_3=(X_{B_8}+X_{B_9}+X_{B_{10}})/3=0.799$$
$$A_4=(X_{B_{11}}+X_{B_{12}}+X_{B_{13}})/3=0.639$$

准则层指标 $A_1 \sim A_4$ 构成互补型的蝴蝶突变模型,由此可得郑州市粮食产量的突变综合评价值

$$y=(A_1^{1/2}+A_2^{1/3}+A_3^{1/4}+A_4^{1/5})/4=0.868$$

同理,可以计算出其余各个城市的粮食产量的突变综合评价值。

其次,根据式(6-6)进行数据的转换,可计算出对应的底层指标隶属度值,即改进后的综合评价值(见表 6-12、图 6-3)。通过建立拟合函数的方式对常规的突变评价法进行改进后,使得改进后的评价值更趋于合理,并且提高了分辨率水平,克服了常规突变评价法突变综合评价值过高和过于接近的缺陷,能够更加直观地反映出评价对象的"优""劣",可以更加真实地反映出河南省各市粮食产量的实际情况及其所在的等级,拉开了各个城市之间的差距,便于针对不同等级的城市采取不同程度的应对措施,减少对人们生产生活带来的影响。

表 6-12　河南省粮食产量突变综合评价值及其改进的评价值

城市	郑州	开封	平顶山	安阳	鹤壁	焦作	濮阳
突变综合评价值	0.868	0.904	0.844	0.920	0.775	0.833	0.863
对应的底层指标隶属度值	0.254	0.375	0.195	0.448	0.091	0.172	0.239
评价等级	II 级	II 级	I 级	III 级	I 级	I 级	II 级
城市	漯河	三门峡	南阳	商丘	信阳	驻马店	济源
突变综合评价值	0.858	0.804	0.912	0.956	0.882	0.937	0.218
对应的底层指标隶属度值	0.226	0.125	0.411	0.662	0.296	0.541	0.000
评价等级	II 级	I 级	III 级	IV 级	II 级	IV 级	I 级

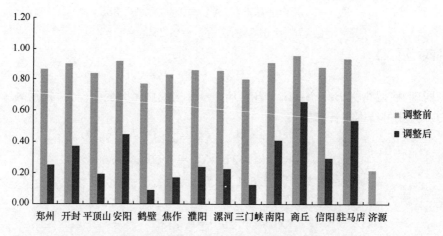

图 6-3　河南省各市粮食产量风险评价值值调整前后对比

6.4.7　评价结果对比分析

根据表 6-12 和图 6-3 可以直观地看出,改进前的突变综合评价值多数集中在 [0.775,0.956],评价值过高,而且过于集中,难以直观地区分各个城市的粮食产量所属的等级,而通过拟合函数进行改进后的评价值多数集中在 [0.091,0.662],评价值的分布更加直观、合理清晰,并且具有较高的分辨率水平和较明显的"优""劣"涵义,能够真实地反映出河南省各个城市的粮食产量风险等级情况,拉开了各个城市的差距,在数值上更符合人们根据评价值大小确定评价等级的习惯,克服了常规突变评价法的缺陷。

根据改进后的评价结果,鹤壁、焦作、三门峡、济源、平顶山等 5 个城市的粮食产量风险等级最低;郑州、开封、濮阳、漯河、信阳等 5 个城市的粮食产量风险等级较低;安阳、南阳等 2 个城市的粮食产量风险等级较高;商丘、驻马店等 2 个城市的粮食产量风险等级最高,与河南省粮食产量的实际情况基本相符。

6.5　本章小结

农业干旱风险评价是一种多准则、多层次的综合评价问题。具有一定的模糊性和不确定性,本章构建了河南省农业干旱风险评价指标体系,并将改进的突变理论应用于河南省农业干旱风险评价中。此方法对各指标重要性的量化是根据指标在归一公式本身中的内在矛盾地位和机制确定的,从而减少了人为主观性而又不失科学性,而且计算方便快捷,更有利于实际应用。

改进的突变评价法,减少了其他评价方法中由于权重确定带来的主观性,对于复杂的目标进行多层次指标分解,再利用归一公式进行递归运算,最后可求出顶层的突变评价值,从而确定评价结果,且计算方便、快捷。但是在某些方面还存在一些问题,如不同指标之间相互关系的重要性确定问题,"互补"与"非互补"原则的使用问题等,需要进行更深入的研究。

第7章 基于自然灾害指数法的河南省农业干旱风险综合评价

风险是由"不确定性"和"损失"共同决定的,在旱灾风险中,可以简单地将旱灾定义为旱灾损失的不确定性,其中包括旱灾损失发生的不确定性以及旱灾损失规模的不确定性两个方面。干旱风险是指干旱活动的发生与发展及其对经济、社会和自然环境系统造成的影响和危害的可能性,当由于干旱导致的影响与危害的可能性变为现实,干旱灾害就形成了。干旱评价主要分两个方面:①用风险分析技术评价干旱潜在威胁,定性或者定量地估计灾害发生的概率与旱灾的损失程度;②研究致灾因子、孕灾环境与承灾体对区域所造成的影响,以此得出区域干旱风险的程度。

干旱风险即为暴露在干旱下的承灾体在外部的致灾因子的扰动下,由于其本身的脆弱性而造成的遭受损失的可能性和可能产生损失程度的大小。所以,区域干旱风险评价就是要明确干旱的危险性,发生时暴露于干旱下的部门和社会生活的各方面,从而确定引发干旱的致灾因子,综合研究承灾体的脆弱性和区域抗旱能力,并利用数学方法,合理的量化风险等级的形成过程。

7.1 研究方法及数据来源

7.1.1 研究方法

7.1.1.1 自然灾害指数法

自然灾害风险指的是未来若干年内可能达到的灾害程度和发生的可能性[122]。自然灾害风险是危险性(H)、暴露性(E)、脆弱性(V)、防灾减灾能力(C)综合作用的结果,即

$$R=H\cap E\cap V\cap C \tag{7-1}$$

其中,自然灾害的形成过程中,危险性、暴露性、脆弱性与自然灾害的形成呈正相关,防灾减灾能力与自然灾害形成呈负相关。四者在自然灾害风险形成过程中缺一不可。

7.1.1.2 加权综合评价法

根据各个评价指标对评价总目标的影响程度来预先制定相对应的权重系数,再和相对应的被评价对象的各个指标进行量化值相乘并相加。此方法综合考虑了

每个因子对总体的影响程度,并把每个具体指标综合起来用数量化的指标进行集中,从而来表示整个评价对象的好坏,加权综合评价法适用于各个指标相互独立的计算,它可以线性补偿,评价结果可体现各自的功能性[123]。

计算公式如下:

$$P = \sum_{i=1}^{n} A_i W_i \tag{7-2}$$

式中,P 为某评价因子的总值;A_i 为某系统中第 i 项指标的量化值$(0 \leqslant A_i \leqslant 1)$;$W_i$ 为某系统中第 i 项指标的相对应的权重系数 $\left(W_i > 0, \sum_{i=1}^{n} W_i = 1\right)$;$n$ 为某系统的评价指标个数。

7.1.1.3　变异系数法

变异系数法[124]又称"标准差率",是衡量资料中各观测值变异程度的一个统计量。它是直接用各个指标包含的信息进行计算来得到指标的权重,是一种比较客观的赋权方法。具体做法是:评价指标体系中,指标之间值相差越大的指标更能反映被评价单位之间的差距。由于各指标量纲是不相同的,不方便直接进行差异的比较,为消除各评价指标间量纲不同对评价工作所造成的影响,就要通过分析各个指标的变异系数,进行衡量指标取值之间的差异度。变异系数公式如下:

$$V_i = \frac{\sigma_i}{\bar{x}_i}, \quad i = 1, 2, \cdots, n \tag{7-3}$$

式中,V_i 是第 i 项指标的变异系数,或者称为标准差系数;σ_i 是第 i 项指标的标准差;$\bar{x}_i$ 是第 i 项指标的平均数。

各项指标的权重为

$$W_i = \frac{V_i}{\sum_{i=1}^{n} V_i}, \quad i = 1, 2, \cdots, n \tag{7-4}$$

7.1.1.4　层次分析法

层次分析法(analytic hierarchy proceess,AHP)是一种实用的多准则决策方法,由美国著名运筹学家 Saaty 在 20 世纪 70 年代初期提出。它把复杂问题表示为有序的递阶层次结构,通过人们的判断对决策方案的优劣进行排序。层次分析法将所研究的问题按性质,把各种选择指标、方案进行分类,划分为若干层次,建立一个递阶层次结构,使问题转化为各指标、方案相对优劣的排序问题。主要包括四个步骤:建立递阶层次分析结构、构造判断矩阵、计算层次单排序权重及一致性检验和计算层次总排序权重及一致性检验。

首先,基于已经建立的层次结构构造判断矩阵。针对从属于上一层的各指标元素,将专家对两两指标之间的相对重要性作比较后所得到的评价用1~9及其倒数的标度方法进行定量化。设有n个指标从属于某准则层,则n个指标通过两两比较构成判断矩阵$C=(c \cdot_{ij})_{n \times n}$。表7-1列出了$c_{ij}$的取值及含义[125]。

表 7-1　c_{ij}的取值及含义

c_{ij}的取值	含义
1	两个指标同样重要
3	两个指标相比,前者比后者稍微重要
5	两个指标相比,前者比后者明显重要
7	两个指标相比,前者比后者特别重要
9	两个指标相比,前者比后者极端重要
2,4,6,8	上述相邻比较的中间值
倒数	若指标 a 与指标 b 的重要性之比为 c_{ij},则指标 b 与指标 a 的重要性之比为 $c_{ji}=1/c_{ij}$

其次,单一准则下的权重计算。AHP方法把判断矩阵的特征向量作为各个指标的权向量,并可用幂法、方根法或和法进行近似计算。这里采用方根法计算上述判断矩阵C的特征向量,具体步骤如下:

(1) 计算判断矩阵每一行元素的乘积M_i:

$$M_i = \prod_{j=1}^{n} c_{ij} \tag{7-5}$$

(2) 计算M_i的n次方根$\overline{W}_i$:

$$\overline{W}_i = \sqrt[n]{M_i} \tag{7-6}$$

(3) 对$\overline{W}_i$进行规范化,可表示为

$$W_i = \frac{\overline{W}_i}{\sum_{i=1}^{n} \overline{W}_i}, \quad i = 1,2,\cdots,n \tag{7-7}$$

根据式(7-7),即可得到n个指标的权重向量W_i。

最后,进行一致性检验。由于构造的两两比较判断矩阵可能出现重要性判断上的矛盾,为了保证判断矩阵不一致性在允许范围,一致性检验是至关重要的。如下是一致性检验的公式,当一致性比率 CR<0.1,则满足一致性,权重合理,否则需要调整,直到满足一致性为止。

$$CR = CI/RI \tag{7-8}$$

其中,CI 为判断矩阵一致性的指标,$CI=(\lambda_{max}-n)/(n-1)$,$\lambda_{max}$为最大特征根,$n$为判断矩阵的阶数;RI 为判断矩阵的品均随机一致性指标,其具体值见表 7-2。

表 7-2 RI 的取值

n	1	2	3	4	5	6	7	8	9	10
RI	0	0	0.58	0.90	1.12	1.24	1.32	1.41	1.45	1.49

7.1.2 数据来源

本书数据来源主要有:《河南省统计年鉴》、《河南省统计公报》、中国自然资源数据库等。

7.2 农业干旱风险评价概念框架

根据自然旱灾风险理论和农业干旱形成过程,建立如图 7-1 所示的农业干旱灾害风险评价概念框架。由图可知,区域干旱灾害风险是由以下四个主要因子构成,危险性、暴露性、脆弱性和防旱抗旱能力,区域干旱风险的大小是由这四个因素综合作用而成,每个因子都是由对应的副因子组成。影响危险性因子主要包括气象和水资源条件;影响暴露性因子包括人口、经济、土地条件;脆弱性因子包括农业结构、土地生产力和水利设施。

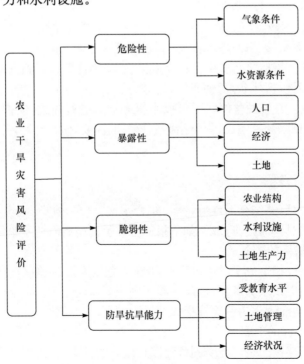

图 7-1 农业干旱风险评价概念图

7.3　河南省农业干旱风险评价指标体系

根据河南省农业干旱的历史规律和特点不难看出,影响河南省农业生产的主要问题是干旱。农业干旱与省内的蒸发、降水、土壤、地形、农民文化素质、农民收入、政府政策等密切相关。综合来看,影响农业干旱的因素主要有气象、水文、农业和社会因素,他们共同导致河南省的农业干旱发生。

农业干旱风险评价指标必须全面分析农业干旱风险后,合理的选取并赋予科学标准,使评价更加客观。目前的干旱研究重点各有不同,指标选择多样,没形成完善统一的标准。各个指标不能合理综合会导致评价结论不够全面,影响风险管理。

7.3.1　指标选取的基本原则

农业系统的复杂性导致农业干旱风险评价指标体系的复杂性,为了评价的科学性,评价指标选取要满足:首先,指标体系可以比较完整地反映农业干旱风险;其次,指标体系满足最小化。以下是要遵循的基本原则:

(1)可评价性。评价指标在实用性的基础上更要着重可量化,定量化的信息在地区间比较评价时比较方便。

(2)系统性。指标选取必须综合反映地区的干旱风险情况,但应注意切合实际,整个指标体系应该可以全面、准确、客观地反映农业干旱的风险。

(3)代表性。指标之间如果存在重复信息,应当选取相对独立的指标,并具有一定的代表性,反映区域状况,便于结果比较。

(4)简明性。系统的整体状况可以由很多指标进行描述,但指标间信息会存在交叉,应科学剔除交叉信息,评价指标应该简明扼要,便于计算,并能为国家有关部门接受。

7.3.2　评价指标选取

根据以上讨论,并结合河南省特点,综合水文、气象、农业、社会各个方面的因素和指标选取的具体原则,选取了如下指标来评价河南省农业干旱风险。

1)危险性指标的选取

干旱的危险性指造成干旱灾害程度和自然变异因素,一般是指极端气候条件和自然地理环境以及水资源量,危险性越大则干旱风险越大。本书选取降水量、灌溉用水比例、耕地灌溉率为危险性指标。

2)暴露性指标的选取

干旱的暴露性指的是可能受到危险因素威胁的社会、经济以及自然环境系统,包括农业、工业和人类等,地区暴露于干旱灾害危险因素程度越高则干旱风险越大。人口密度越大对干旱承受能力越小,则干旱风险越大,农业产值占总产值比重越大,风险越大。人均耕地面积反映了耕地压力,人均耕地面积越少,人口数量对农业生产系统的压力越大,干旱风险越大。区域内的耕地率越高,则暴露于干旱风险下的土地越多,干旱风险越大。因此,选取农业人口密度、农业产值占总产值的比重、人均耕地面积、耕地率作为暴露性指标。

3) 脆弱性指标的选取

干旱的脆弱性指给定危险区可能受干旱威胁的对象,由于干旱缺水造成的危险与损失程度,反映干旱灾害损失的程度,承灾体的脆弱性越高,灾害损失就越大,其脆弱性大小与承灾体类型等相关。单位面积粮食产量对风险的影响体现在,在土地投入不变的情况下,单位面积粮食产量越低,说明土地质量越差,土地资源压力越大,干旱风险越大。粮食作物用水量相对较少,粮食作物种植面积越大,用水压力就越小,农业系统的脆弱性就越小。本书选取单位面积粮食产量、粮食播种面积比、人均生活用水量作为脆弱性评价指标。

4) 防灾减灾能力指标的选取

防灾减灾能力是指用于防御减轻干旱灾害的管理措施与对策,是区域应对干旱的防灾减灾的能力。主要包括管理能力、资源准备、减少灾害的投入等。区域防灾减灾能力和干旱灾害形成反相关,管理越得当,遭受的可能损失就越小,从而干旱灾害风险越小。区域抗旱设备的数量和有效灌溉率都表示了灌溉能力的高低,政府和群众抗旱投入水平通过抗旱减灾预案制定和人均收入水平来反应,区域整体素质的高低通过在校学生比例反映出,还反映了节水抗旱意识的程度高低,土地管理措施越到位、经济水平和受教育程度越高整体防旱抗旱能力就越高。综上,本书选取有效灌溉面积、灌溉指数、农村人均纯收入和在校生比例作为防灾减灾能力指标。

将选取的指标绘制农业干旱风险评价指标体系,并分为因子层、副因子层和指标层[126],如表7-3所示。

表7-3　农业干旱灾害风险评价指标体系

因子层	副因子	指标层
危险性	气象条件 水资源条件	降水量 地下水资源量 耕地灌溉率
暴露性	人口 经济 土地	农业人口密度 农业产值占总产值比重 人均耕地面积

因子层	副因子	指标层
脆弱性	农业结构	粮食播种面积
	土地生产力	单位面积产量
	人口	人均生活用水量
防旱抗旱能力	土地管理	有效灌溉面积
	经济状况	农村人均收入
	受教育水平	在校学生比例

7.3.3　指标体系权重的确定

权重是相对的概念,针对某一指标而言,该指标的权重指的是该指标在整体评价中相对重要程度。权重的目的是要从若干个评价指标中分出轻重来,一个完整的评价指标体系对应的权重组成该权重体系。权重的确定方法包括客观赋权法与主观赋权法两种,主观赋权法指的是由专家依据主观经验判断所得到的,如层析分析法(AHP法)、专家咨询法(Delphi法)等。这些方法人们研究较早,也很成熟,反应评价者的主观偏好,容易受人为因素影响,客观性比较差;而客观赋权法所用的原始数据,都是各指标在评价中利用的实际数据,不依赖人的主观判断,因而此类方法客观性比较强,如变异系数法、熵值法等,但是没有充分考虑指标本身的相对重要程度,主观性较差。

综合权重则结合了主观赋权和客观赋权的优点,提高了权重选取的可靠性。基于计算的简便性和准确度,本书选取层次分析法这一数学方法来确定客观权重,用变异系数法来确定主观权重,分别计算各指标的权重,然后进行综合,综合权重的公式如下:

$$w = \alpha w_1 + (1-\alpha)w_2 \tag{7-9}$$

式中,w 为组合权重;w_1 为评价指标的主观权重(层次分析法计算得出);w_2 为评价指标的客观权重(变异系数法计算得出);α 为灵敏度系数,且 $0<\alpha<1$。一般情况下,α 的取值范围为 $0.5 \sim 0.7$,本书取中间值 0.6,作为组合权重的灵敏度系数。

根据上述计算过程,确定各指标权重,计算结果如表 7-4 和表 7-5 所示。

表 7-4 指标层权重

因子	指标层	方法		综合权重
		层次分析法	变异系数法	
危险性	降水量	0.598	0.200	0.479
	地下水资源	0.301	0.449	0.361
	耕地灌溉率	0.101	0.351	0.200
暴露性	农业人口密度	0.251	0.271	0.259
	农业产值比	0.293	0.397	0.334
	人均耕地面积	0.144	0.085	0.121
	耕地面积占有率	0.312	0.247	0.286
脆弱性	粮食播种面积比	0.293	0.194	0.253
	人均生活用水量	0.466	0.557	0.503
	单位面积产量	0.241	0.249	0.244
抗旱能力	有效灌溉面积比	0.362	0.055	0.239
	灌溉指数	0.331	0.396	0.357
	人均收入	0.193	0.203	0.197
	在校生比例	0.114	0.347	0.207

表 7-5 因子层权重

因子	方法		综合权重
	层次分析法	变异系数法	
危险性	0.466	0.315	0.406
暴露性	0.161	0.309	0.220
脆弱性	0.278	0.169	0.235
抗旱能力	0.095	0.207	0.140

7.4 农业干旱灾害评价模型建立

根据农业干旱风险评价概念框架以及自然灾害风险计算公式,并综合利用加权综合法、变异系数法和层次分析法建立农业干旱灾害风险评价模型:

$$\text{ADRI} = (H^{\text{WH}})(E^{\text{WE}})(V^{\text{WV}})[1-R]^{\text{WR}} \tag{7-10}$$

$$H = \sum_{i=1}^{a} A_{hi} W_{hi} \tag{7-11}$$

$$E = \sum_{i=1}^{b} A_{ei} W_{ei} \tag{7-12}$$

$$V = \sum_{i=1}^{c} A_{vi} W_{vi} \tag{7-13}$$

$$C = \sum_{i=1}^{d} A_{ci} W_{ci} \tag{7-14}$$

其中,ADRI 表示农业干旱灾害风险指数,代表农业干旱的灾害风险程度,指数值越大,干旱缺水的风险就越大;H,E,V,C 表示农业干旱风险的危险性、暴露性、脆弱性以及防旱抗旱能力的大小;WH、WE、WV、WC 为危险性、暴露性、脆弱性、抗旱能力的权重;W_i 为第 i 个评价指标的权重系数,指各个指标对于形成农业干旱风险主要因子的重要程度;A_i 表示第 i 个评价指标的量化值,a,b,c,d 指的是指标的个数。

由于各指标单位不同,为便于计算,本书采用均值化处理方法对初始值进行处理。指标有正指标与负指标,正指标指的是指标数值越大越好的指标,逆指标指的是指标数值越小越好的指标,采用如下公式对正、逆指标进行无量纲化:

正指标的相对化处理公式为

$$y_{ij} = \frac{x_{iy}}{\overline{x}_j} \tag{7-15}$$

逆指标的相对化处理公式为

$$y_{ij} = \frac{\overline{x}_j}{x_{iy}} \tag{7-16}$$

公式是标准化后的数据,即各被评价单位的实际值;$\overline{x}$ 为平均值。均值化后各指数的均值都为 1,其方差为

$$\text{var}(y_j) = E[(y_j - 1)^2] = \frac{E(x_j - \overline{x}_j)^2}{\overline{x}_j^2} = \frac{\text{var}(x_j)^2}{\overline{x}_j^2} = \left(\frac{\sigma_j}{\overline{x}_j}\right) \tag{7-17}$$

7.5　各单因子评价

由式(7-11)～式(7-14)计算出河南省各市的危险性、暴露性、脆弱性及防旱抗旱能力因子的数值,结合农业干旱灾害的形成机制进行干旱灾害风险分析,结合GIS软件将影响农业灾害的各个因子评价结果绘制成空间分布图,并进行具体分析。

7.5.1　危险性因子评价

通过计算得出河南省各市农业干旱风险的危险性因子值,如表 7-6、图 7-2

所示。

表 7-6　农业干旱危险性因子计算数值

城市	郑州	开封	洛阳	平顶山	安阳	鹤壁	新乡	焦作	濮阳
因子	1.066	1.189	1.049	1.104	1.328	2.888	1.022	1.504	1.771

城市	许昌	漯河	三门峡	南阳	商丘	信阳	济源	周口	驻马店
因子	1.327	1.330	1.427	0.745	0.879	0.603	2.626	0.799	0.730

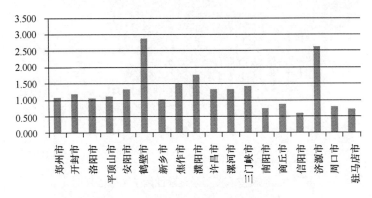

图 7-2　各市农业干旱危险性因子值

　　根据危险性因子的计算值,绘制河南省农业干旱危险性因子风险区划图,如图 7-3 所示。从整体来看,河南省西北部危险性因子高,东南部的危险性因子低,西北大部分城市都处于中风险或高风险,东南部地区则处于低风险或轻风险。主要是由于河南省的降水量从北到南呈增加趋势,北部地区降水较少,远低于全省平均值,南部地区降水较多,且受地下水资源量与灌溉的影响,如濮阳地区,降水量与地下水资源量较少,且耕地灌溉率低,所以处于干旱高风险区,而信阳和驻马店等地,降水量与地下水资源含量都比较高,因此干旱风险较低。

7.5.2　暴露性因子评价

　　通过计算得出河南省各市农业干旱风险的暴露性因子值,如表 7-7、图 7-4所示。

表 7-7　农业干旱暴露性因子计算数值

城市	郑州	开封	洛阳	平顶山	安阳	鹤壁	新乡	焦作	濮阳
因子	0.665	1.298	0.620	0.783	1.008	0.879	0.979	0.845	1.148

城市	许昌	漯河	三门峡	南阳	商丘	信阳	济源	周口	驻马店
因子	1.107	1.216	0.498	0.995	1.473	1.127	0.467	1.602	1.318

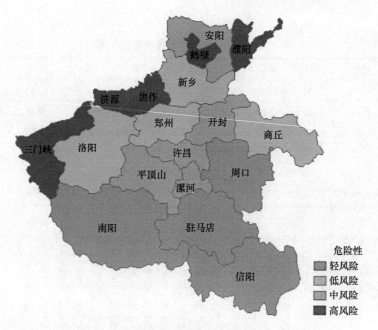

图 7-3   河南省农业干旱危险性因子风险区划图

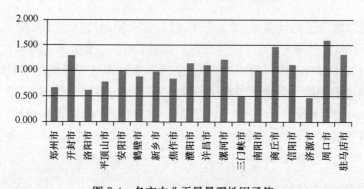

图 7-4   各市农业干旱暴露性因子值

根据暴露性因子的计算结果,绘制河南省农业干旱暴露性因子风险区划图,如图 7-5 所示。整体上看,河南省东南部风险性较高,处于中风险和高风险水平,西北部大部分地区处于轻风险和低风险水平。暴露性值最高的周口市,农业人口密度占全省 18 个城市最大,农业占比重也相对较高,耕地面积占有率最大,且人均耕地面积最少,综合农业、人口、经济三方面作用导致了其农业系统的暴露性因子较大。

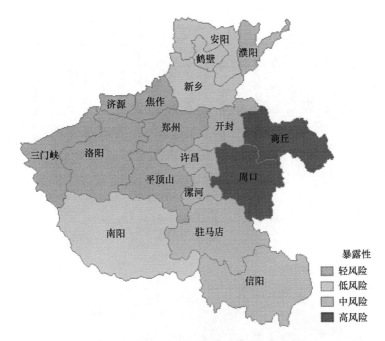

图 7-5　河南省农业干旱暴露性因子风险区划图

7.5.3　脆弱性因子评价

通过计算得出河南省各市农业干旱风险的脆弱性因子值,如表 7-8、图 7-6 所示。

表 7-8　农业干旱脆弱性因子数值

城市	郑州	开封	洛阳	平顶山	安阳	鹤壁	新乡	焦作	濮阳
因子	1.281	0.854	0.971	1.475	1.240	0.871	0.811	1.080	1.066
城市	许昌	漯河	三门峡	南阳	商丘	信阳	济源	周口	驻马店
因子	0.841	0.682	1.401	0.967	1.024	0.864	0.988	0.605	1.197

根据脆弱性因子的计算结果,绘制河南省农业干旱脆弱性因子风险区划图,如图 7-7 所示,由于脆弱性受人为因素影响过大,所以没有明显的区域规律性。其中三门峡市干旱脆弱性风险较大,主要是由于人均生活用水量较大,粮食作物播种面积较小,平顶山市则是由于人均生活用水量较大,单位面积产量居于各市最低最低,人均生活用水量与农业干旱脆弱性正相关,越高则风险越大,而单位面积粮食产量和粮食作物播种面积与农业干旱灾害脆弱性呈负相关,越低则干旱风险越大。

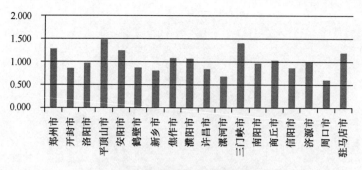

图 7-6 各市农业干旱脆弱性因子值

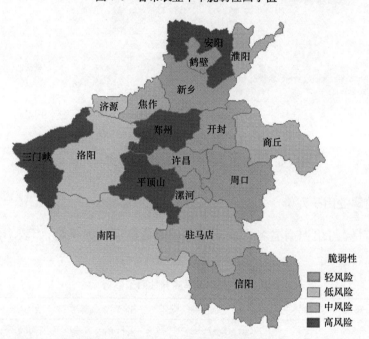

图 7-7 河南省农业干旱脆弱性因子风险区划

7.5.4 抗旱能力因子评价

通过计算得出河南省各市农业干旱风险的抗旱能力因子值，如表 7-9、图 7-8 所示。

表 7-9 农业干旱抗旱能力因子计算数值

城市	郑州	开封	洛阳	平顶山	安阳	鹤壁	新乡	焦作	濮阳
因子	0.874	1.054	1.352	1.218	1.022	0.914	0.947	0.942	0.987
城市	许昌	漯河	三门峡	南阳	商丘	信阳	济源	周口	驻马店
因子	1.072	0.968	1.396	1.185	1.033	1.108	1.097	1.015	1.058

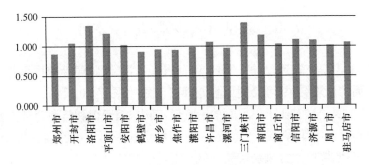

图 7-8　各市农业干旱抗旱能力因子值

　　根据抗旱能力因子的计算结果,绘制出河南省农业干旱抗旱能力因子风险区划图,如图 7-9 所示,整体来看,北部和中东部大部分地区抗旱能力相对较强,处于轻风险和低风险水平,西部和南部地区抗旱能力相对较弱。郑州、新乡等地,抗旱能力较强,土地管理政策、经济水平和受教育水平均比较高,抗旱投入较多,三门峡、南阳、平顶山地区有效灌溉面积与灌溉指数较低,导致风险增高。从值的角度分析,各市的因子值大小相差不大,说明防旱抗旱投入方面都做了一定的工作。

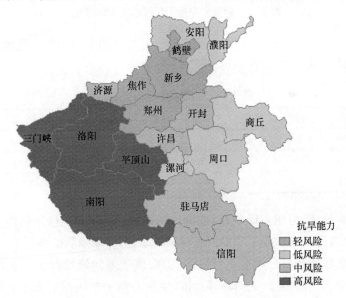

图 7-9　河南省农业干旱抗旱能力风险区划图

7.6 农业干旱风险综合评价

影响农业干旱灾害风险的主要包括危险性、暴露性、脆弱性和抗旱能力四个因子,根据前面的计算结果,可绘制风险分析综合图,如图 7-10 所示。从图中可以直观地看出四个因子对农业干旱风险的影响值,其中,鹤壁市和济源市危险性因子较高,周口市和商丘市暴露性因子值较高,三门峡市和平顶山市脆弱性因子较高,三门峡和南阳等地抗旱能力风险较高。

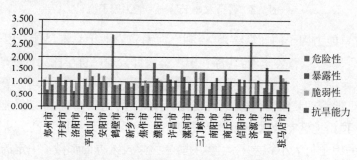

图 7-10　河南省农业干旱风险因子结果图

根据式(7-10)和各因子之前的计算结果,并综合四个因子的权重值,计算出各市的综合风险值 ADRI,如表 7-10、图 7-11 所示。

表 7-10　河南省各市 ADRI 值

城市	郑州	开封	洛阳	平顶山	安阳	鹤壁	新乡	焦作	濮阳
因子	0.976	1.103	0.951	1.111	1.186	1.429	0.948	1.148	1.318

城市	许昌	漯河	三门峡	南阳	商丘	信阳	济源	周口	驻马店
因子	1.112	1.067	1.124	0.901	1.044	0.819	1.265	0.902	0.983

根据计算结果,运用 GIS 软件,绘制出河南省农业干旱风险评价图(图 7-12),从图中可看出,河南省农业干旱呈西北部风险高,南部风险低的特点。

河南省北部西部部分地区干旱风险较高,属于海河流域和黄河流域,包括安阳、濮阳、鹤壁、济源、焦作、三门峡等地市,主要是由于这些地区降水量较少,远低于全省的平均值,且蒸发量大。区域内地势西高东低,西部北部大部分地区为山丘,地下水资源量少,且豫北地区是河南省工业发达地区,生产生活需水量大,对环境用水亦有很高的要求,但豫北地区是河南省水资源贫乏的缺水地区,导致中度重度干旱经常发生,干旱风险较大。

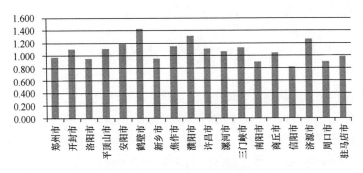

图 7-11　河南省各市 ADRI 值

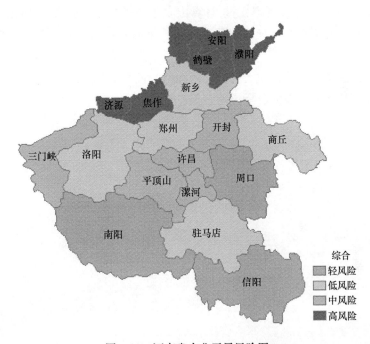

图 7-12　河南省农业干旱风险图

　　河南省中部部分地区处于中风险,此地区属于淮河流域,主要包括平顶山、许昌、漯河等地市。地势西高东低,山丘面积比重较大,降水量处于全省平均值,但是此地区属于河南省工农业比较发达的地区,需水量大,所以干旱风险为中风险。

　　河南省东部地区的开封、商丘等地,年降水量低于全省平均值,地形以平原为主,地势平坦,人口密集,农业比较发达,地下水超采严重,水利用效率不高,处于中度干旱风险。

　　河南省南部的信阳、驻马店地区干旱风险较低。降水量是影响农业干旱的主要因素,而这些地区的年降雨量远高于全省平均值,水资源丰富,且农业人口密度、生活用水量较低,综合各种指标得出这些地区干旱风险较小。

7.7　本 章 小 结

(1) 阐述了干旱风险定义,建立了农业干旱风险评价的概念性框架。

(2) 根据风险评价指标选取的基本原则,选取出 14 个影响农业干旱风险的指标,确定了风险评价的指标体系,并利用层次分析法和变异系数法确定各指标的综合权重。计算危险性、暴露性、脆弱性、抗旱能力各指标的因子值,进行单因子评价,绘制出干旱风险区划图,分析各单因子条件下河南省各市的干旱风险情况。

(3) 根据单因子值并考虑权重,计算出农业干旱综合评价值,绘制出风险区划图。结果表明,河南省北部和西部部分地区干旱风险较高,包括安阳、濮阳、鹤壁、济源、焦作、三门峡等地市干旱风险较大,处于高风险区,河南省中部部分地区和东部部分地区,主要包括平顶山、许昌、漯河、开封、商丘等地市地区处于中风险区,豫南地区的信阳、驻马店地区干旱风险较低。

第8章　基于灾害系统理论的河南省农业旱灾风险评估

农业干旱灾害作为自然灾害的重要类型之一,除采用传统干旱风险分析方法进行研究外,还可以运用自然灾害系统理论对其展开研究。本章结合农业干旱灾害的概念和特征,将灾害系统理论运用到农业干旱灾害风险评估中,提出了一种基于灾害系统理论的农业干旱灾害风险分析方法。该方法认为,农业干旱灾害风险是旱灾致灾因子危险性和承灾体脆弱性相互作用的结果,致灾因子危险性通过承灾体脆弱性的转换,最终形成农业干旱灾害风险。进一步利用该方法对河南省农业旱灾风险进行分析、评估。

8.1　农业旱灾风险评估方法

自然灾害系统是从系统理论的角度出发,将与自然灾害的发生、发展相关的要素整合为一个复杂、有机的系统,主要包括致灾因子、孕灾环境和承灾体三大组成部分[127]如图 8-1 所示。这三部分在自然灾害的形成、发展过程中缺一不可,它们都是形成自然灾害的必要条件。

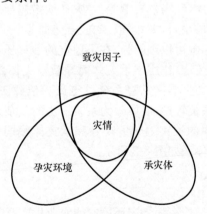

图 8-1　自然灾害系统构成

致灾因子分为自然致灾因子和人为致灾因子。自然致灾因子有台风、地震、滑坡、泥石流、洪水、干旱等;人为致灾因子有战争、核事故等。在农业旱灾风险研究范畴,往往只考虑自然致灾因子。致灾因子是客观存在的,但并不是独立地存在于自然灾害系统中,它与人类活动以及孕灾环境密切相关。在致灾因子形成过程中,人类活动必然会对其产生影响,但决定性因素是孕灾环境的自身演变规律。因此,致灾因子与承灾体以及孕灾环境三者之间并非相对独立地存在。

孕灾环境包括孕育自然灾害的自然和人文环境,如气象、水文、地质以及地形地貌等。孕灾环境的变异可能会诱发甚至加剧自然灾变的程度。近年来,全球气温升高、海平面上升、地表覆盖变化、水土流失、荒漠化等一系列环境变化导致自然灾害出现了新的变化:洪涝灾害更加频繁且分布情况也与以往不同,农作物病虫害区域有所变化,干旱灾害范围进一步扩大,滑坡、泥石流等灾害也越来越频繁。因此,可以考虑通过加强对影响致灾因子的孕灾环境因素的监测研究,进一步探求孕灾环境与致灾因子之间的作用关系,从而掌握致灾因子的演变与分布规律。

承灾体指致灾因子作用的对象,包括人类社会活动、经济活动、可利用资源以及生态环境等。承灾体是自然灾害产生损失的直接原因,没有承灾体也就没有灾害损失,更谈不上风险。这是因为,承灾体具有价值属性,这种价值属性不仅包括经济学范畴的财富,也包括人类在社会和经济活动中体现出的能力与作用,当然也包括自然资源与自然环境的意义[128]。因此,对承灾体的研究应该以价值性为主线,具体的分析包括:①价值性载体的种类、数量和分布;②避免或降低载体价值性损失的预防及保护措施;③实际价值损失的计算分析。

根据区域灾害系统理论[28],旱灾是由致灾因子、承灾体和孕灾环境三者相互作用进而导致损失的复杂系统。在这个旱灾系统中,致灾因子指与区域内诱发干旱有关的水文、气象、地形等自然因素,如降水、径流等,它是灾害发生的驱动因素;承灾体是致灾因子的作用对象,指区域内承受灾害的社会、经济、生态等物质及人文等社会因素,如人口、财产、自然资源等;孕灾环境指包括孕育产生旱灾的地球环境要素与人文环境要素的集合,如大气、水文、下垫面等。

在此基础上,旱灾风险可以理解为:在不稳定的孕灾环境中具有危险性的干旱事件经承灾体的脆弱性传递,作用于承灾体而导致承灾体未来可能损失的规模及其发生概率[79]。因此,农业旱灾风险系统可定义为以致灾因子危险性为系统输入,以承载体脆弱性为系统转换,以风险为系统输出的复杂系统。对旱灾风险进行分析,就需要对该系统中的致灾因子危险性和承灾体脆弱性分别进行深入分析。农业旱灾风险评估方法体系如图 8-2 所示。

8.1.1　农业旱灾危险性

农业旱灾危险性是指处在某孕灾环境中的农业生产系统在某段时间内遭受某种程度的干旱事件的可能性,它能够反映不同程度的干旱事件在一定时空尺度下发生的难易程度。危险性分析是旱灾风险分析的重要环节,危险性分析模型以概率模型最为普遍,基于概率评估的危险性分析模型把农业旱灾风险视为一个随机过程,假设干旱事件发生的概率服从一定的随机概率分布函数,通过该概率分布函数来拟合干旱事件的各构成要素(如干旱历时、干旱烈度),构建相应概率分布函

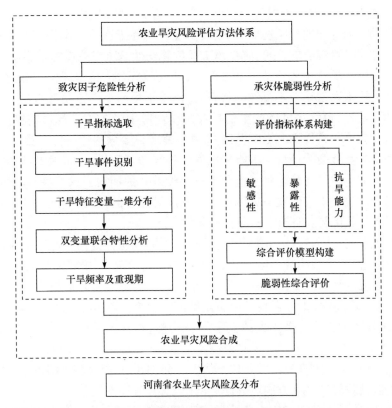

图 8-2　农业旱灾风险评估方法体系

数,进而评估不同程度旱灾发生的概率[129]。

农业旱灾危险性分析过程为,先通过分析降雨、径流等水文气象要素确定干旱指标,然后借助游程理论[130]对干旱事件进行识别,提取干旱历时、干旱烈度、干旱峰值和影响范围等干旱特征变量,得到干旱事件系列,再利用 Copula 多维联合分布理论[131]对识别出的干旱事件进行频率分析,最终得出干旱事件发生的频率、重现期及空间分布。

本章借鉴 Shahid 等[132]提出的危险性计算方法,利用气象干旱指数 SPI 来确定干旱强度和发生频率,在此基础上构建了干旱危险性指数,进而得到研究区域旱灾危险性分布。

8.1.2　农业旱灾脆弱性

在自然灾害的早期研究中,致灾因子是主要关注的对象,并以致灾因子的影响力为标准来确定灾害等级。随着自然灾害系统理论的发展,人们逐渐意识到,致灾因子并非灾害的唯一决定因素,承灾体脆弱性的高低会起到"放大"或"缩小"灾害损失的作用。发生同等级干旱事件时,不同的人口密度,不同的经济发展水平及不同的抗旱能力,造成的灾害损失会有很大不同,这就是所谓的小灾大害或大灾小害出现的原因。研究农业旱灾脆弱性,是对农业系统易于遭受干旱损害及损失的性质和状态作出客观综合的评价,降低承灾体的脆弱性是防灾减灾的重要途径。

农业旱灾脆弱性主要包括三个方面:敏感性、暴露性、抗旱能力。敏感性是指当承灾体处于被动遭受干旱事件的状态时,承受干旱的主体自身反映出的易于产生损失的可能性,也就是可能产生的旱灾规模对所承受的干旱规模的响应程度。暴露性是指在干旱事件不利影响范围内,所有承灾体要素的经济价值及分布情况。抗旱能力指人类社会为抵御干旱所采取的工程与非工程措施,以及这些措施所起到的保护承灾体的经济价值免于遭受干旱事件破坏的能力。敏感性、暴露性和抗旱能力综合反映了承灾体在旱灾风险发生发展过程中的作用,共同组成了从干旱转变为旱灾损失的转化环节——旱灾脆弱性。

需要说明的是,承灾体的脆弱性与致灾因子的危险性是两个相互联系却又相对独立的概念,危险性越高的区域,脆弱性并不一定会越大,脆弱性越大的区域,危险性也并不应定越高。根据唯物辩证法,致灾因子的危险性可以看做是旱灾风险产生的外因,而承灾体的脆弱性可以看做旱灾风险产生的内因,外因通过内因起作用,共同决定了承灾体所受损失的大小[79]。当然,在致灾因子危险性一定的情况下,承灾体脆弱性越大,则旱灾风险越高。

目前,针对自然灾害脆弱性评估方法主要有:①历时资料法。即根据历史灾情数据判断区域脆弱性。该方法对数据要求比较高,对周期比较长的自然灾害适用性不高,且容易漏掉极端灾害事件。②基于调查数据的承灾个体脆弱性评估法。即通过分析各种灾害的强度与各种承灾个体受影响程度来确定脆弱性与灾害损失的关系。该方法主要采用调查统计进行评估,操作性不强,且结果准确度易受调查方法干扰。③基于指标体系的灾害脆弱性评估法。由于脆弱性机理尚不清楚,选取具有代表性的指标构成的指标体系能全面反映脆弱性特征,因此基于指标体系的脆弱性评估是目前最为常用的方法,也是本章采用的脆弱性评估方法。

8.1.3　农业旱灾风险评估模型

从旱灾风险形成机理角度,旱灾风险是致灾因子危险性(即干旱强度及其发生频率)与承灾体的脆弱性(包括暴露、敏感性、抗旱能力三要素)相互联系、相互作用下形成的复杂动力学系统,称为旱灾风险系统。旱灾风险评估可以看做把干旱风险经过承灾体脆弱性转换到旱灾损失风险的一般过程。

根据联合国国际减灾战略机构(UNISDR)[10]提出的"灾害风险=危险性×脆弱性"的思想,本书采用通过致灾因子危险性与承灾体脆弱性合成的方法构建农业旱灾风险评估模型。

因此,农业旱灾风险模型可表达为

$$R = H \times V \tag{8-1}$$

式中,R 为旱灾风险;H 为致灾因子危险性;V 为承灾体脆弱性。

通过对旱灾风险要素中的致灾因子危险性和承灾体脆弱性分析计算,利用式(8-1)农业旱灾风险评估模型,即可得出研究区域农业旱灾风险度值。

8.2　河南省农业旱灾危险性分析

干旱的发展是一个复杂的过程,单一的特征变量往往难以全面刻画干旱的动态变化特征,本书采用干旱历时和烈度两个特征变量,通过计算干旱历时和干旱烈度的联合概率分布实现对干旱特征的定量描述。以往的干旱特征变量联合分布研究中存在以下问题:①虽然考虑通过多变量联合分布描述干旱特征,但往往忽视特征变量间的相关性;②考虑到不同特征变量具有一定相关性,将不同变量服从的分布简化为同一种模型,未充分考虑分布的差异性。Copula 函数作为描述多变量相关关系的有效手段,近年来被广泛应用于干旱事件多变量联合分布的构建[71]。Copula 方法能够反映随机变量之间的相关性,并且该相关性不受各变量单位的影响,从而可将联合分布分为变量的边缘分布和变量间的相关性结构两个独立的部分进行分别处理,而且包含在边缘分布中变量的所有信息在转换过程中不会发生信息缺失或变更,这为构建多变量联合分布提供了新的思路。

8.2.1　Copula 函数概述

当选用多变量来共同描述农业干旱频率时,需要度量变量之间的联系,即计算它们的联合概率分布函数。Copula 理论已成为当今实现这种相关性分析的有效、通用的方法,其中 Archimedean Copula 函数因形式简单而被广泛应用,最常用的 Archimedean Copula 函数有 Gumbel-Hougaard、Frank 和 Clayton Copula 等十余种,表 8-1 列出了这几种常用 Copula 函数的表达式,式中 θ 为待定参数。

表 8-1　4 种常用的二维阿基米德 Copula 函数

序号	函数名称	$C(u_1, u_2)$	参数范围
1	Gumbel-Hougaard	$e^{-[(-\ln u_1)^\theta + (-\ln u_2)^\theta]^{\frac{1}{\theta}}}$	$[1, \infty)$
2	Frank	$-\dfrac{1}{\theta}\ln\left[1 + \dfrac{(e^{-\theta u_1}-1)(e^{-\theta u_2}-1)}{e^{-\theta}-1}\right]$	$[-\infty, \infty)\backslash\{0\}$
3	Ali-Mikhail-Haq	$\dfrac{u_1 u_2}{1-\theta(1-u_1)(1-u_2)}$	$[-1, 1)$
4	Clayton	$\max[(u_1^{-\theta} + u_2^{-\theta} - 1)^{-\frac{1}{\theta}}, 0]$	$[-1, \infty)\backslash\{0\}$

8.2.2　干旱特征单变量概率分布

8.2.2.1　干旱识别

在进行干旱频率分析前,需要具备足够多的可供频率分析的干旱样本。干旱事件识别就是依据统计期内干旱可能涉及的水文气象要素的长序列记录,确定统计期内发生干旱的样本序列,并判断每场干旱的发生和结束时间、干旱强度、影响面积等干旱特征。

干旱指标是反映干旱成因和程度的量度,本书选取标准化降水指数 SPI 为干旱指标,选取干旱历时、干旱烈度为特征变量进行干旱识别。

基于游程理论(Run Theory)[133],通过干旱事件初步判断、小干旱事件处理、干旱事件合并的方式来得到相互独立的干旱事件样本系列,是目前应用较为广泛的干旱事件识别方法。设定干旱指数阈值 R_0,R_1 和 R_2,则干旱识别步骤为:

(1) 当干旱指数值小于 R_1 时,则初步判断该时间段发生干旱,如图 8-3 中有 a,b,c,d,e 共 5 次干旱。

(2) 对于历时只有一个时间段的干旱(如 a,d),若其干旱指数值小于 R_2(如 d),则被确定为 1 次干旱事件,反之则认为是小干旱事件(如 a),本书忽略不计。

(3) 对于间隔为 1 个时间段的两次相邻干旱过程(如 b,c),若间隔期(如 f)的干旱指数值小于 R_0,则这两次干旱被视为从属干旱,可合并成一次干旱事件,否则为 2 次独立干旱事件。因此,按上述规则可得图 8-3 中共有 3 次干旱事件,即 b-f-c,d 和 e。

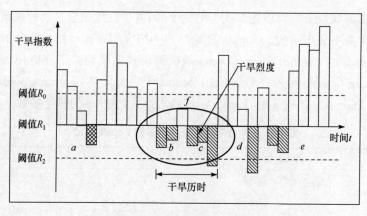

图 8-3　干旱事件识别示意图

本书根据河南省 18 地区 1953~2012 年 60 年月平均降水数据,以月为时间尺度,以《气象干旱等级》中的干旱等级推荐值为干旱识别阈值 R_0~R_2(见表 8-2),经游程分析得到干旱特征变量序列,并分别以 LS、LD 表示干旱历时、烈度,其基本统计特征值如表 8-3 所示,由于研究区域城市较多,本章以郑州市为例进行计算,郑州市干旱样本系列和特征变量系列见表 8-4。

表 8-2 干旱事件识别阈值

干旱指数	R_0	R_1	R_2
SPI	0	−0.5	−1.0

表 8-3 基于 SPI 的河南省各市干旱样本和特征变量系列统计结果

地区	干旱次数	年均干旱历时/月	年均干旱烈度	最大干旱历时/月	最大干旱烈度	最大干旱烈度事件时期
郑州	98	2.95	2.21	6	4.50	1998.9~1999.2
开封	99	2.85	2.21	6	4.87	1968.2~1968.7
洛阳	98	2.93	2.21	6	4.34	1956.9~1956.12
平顶山	95	2.82	2.20	5	4.44	1956.9~1956.12
安阳	101	2.88	2.23	6	4.06	1958.8~1958.9
鹤壁	100	2.83	2.15	6	4.11	1958.8~1958.9
新乡	99	2.88	2.20	7	4.55	1998.9~1999.2
焦作	94	2.77	2.17	6	4.35	1998.9~1999.2
濮阳	97	2.82	2.14	6	4.41	2001.3~2001.5
许昌	98	2.77	2.25	6	4.73	1968.2~1968.7
漯河	91	2.63	2.23	5	4.95	1958.2~1958.6
三门峡	90	2.70	2.13	6	5.13	1953.9~1953.10
南阳	95	2.65	2.19	5	4.79	1956.9~1956.12
商丘	98	2.93	2.25	6	4.59	1968.2~1968.7
信阳	79	2.45	2.09	7	6.85	2001.3~2001.9
周口	90	2.62	2.20	5	4.30	1967.12~1968.4
驻马店	91	2.73	2.25	5	5.97	1958.2~1958.6
济源	93	2.68	2.10	6	3.78	1997.6~1997.8

表 8-4 基于 SPI 的郑州市干旱样本系列和特征变量系列

序号	干旱起止时间	干旱历时/月	干旱烈度	序号	干旱起止时间	干旱历时/月	干旱烈度
1	1953.4	1	1.54	5	1955.11	1	0.55
2	1953.9~1953.10	2	2.74	6	1956.9~1956.12	4	3.83
3	1954.3	1	1.33	7	1957.6	1	0.62
4	1955.5~1955.6	2	2.1	8	1957.8~1957.9	2	3.24

续表

序号	干旱起止时间	干旱历时/月	干旱烈度	序号	干旱起止时间	干旱历时/月	干旱烈度
9	1958.2	1	0.98	41	1976.12~1977.3	4	1.63
10	1958.4	1	1.63	42	1978.1	1	0.69
11	1958.6	1	0.64	43	1978.8~1978.9	2	1.33
12	1958.8~1958.9	2	3.25	44	1979.10~1979.11	2	1.24
13	1959.4	1	1.16	45	1980.2	1	0.72
14	1959.7	1	1.46	46	1980.11~1980.12	2	1.66
15	1960.2	1	0.61	47	1981.4~1981.5	2	2.26
16	1960.4~1960.6	3	2.43	48	1981.1	1	0.67
17	1961.7~1961.8	2	0.85	49	1982.12	1	0.57
18	1962.2~1962.5	4	1.77	50	1983.11~1984.3	5	1.44
19	1963.1~1963.2	2	1.84	51	1985.6~1985.7	2	1.46
20	1963.7	1	1.76	52	1986.2	1	0.56
21	1963.1	1	1.04	53	1986.6~1986.8	3	2.19
22	1965.3	1	0.52	54	1986.11	1	0.61
23	1965.5~1965.8	4	1.92	55	1987.7	1	1.32
24	1965.12~1966.1	2	0.65	56	1987.12~1988.1	2	0.85
25	1966.8~1966.9	2	1.94	57	1988.6	1	1.32
26	1967.1	1	0.54	58	1988.11~1988.11	1	1.25
27	1967.12	1	0.69	59	1989.4	1	0.68
28	1968.2~1968.3	2	2.44	60	1989.8~1989.10	3	0.86
29	1968.6~1968.7	2	1.94	61	1990.1	1	1.4
30	1969.6~1969.7	2	1.25	62	1991.7~1991.10	4	2.24
31	1969.10~1970.1	4	2.21	63	1992.1~1992.2	2	1.31
32	1970.11~1970.12	2	0.55	64	1993.7	1	0.64
33	1972.8	1	0.66	65	1993.12	1	0.52
34	1973.11~1973.12	2	1.55	66	1994.9	1	0.75
35	1974.7	1	0.88	67	1995.1~1995.5	5	2.15
36	1975.3	1	0.87	68	1995.9	1	0.97
37	1975.5~1975.6	2	2.46	69	1995.11~1995.12	2	1.2
38	1975.11	1	0.55	70	1996.12	1	0.65
39	1976.1	1	0.69	71	1997.6~1997.8	3	2.84
40	1976.5	1	1.03	72	1997.1	1	1.23

序号	干旱起止时间	干旱历时/月	干旱烈度	序号	干旱起止时间	干旱历时/月	干旱烈度
73	1998.9~1999.2	6	4.5	86	2005.3~2005.4	2	0.51
74	1999.8	1	0.53	87	2006.3	1	0.53
75	1999.11~1999.12	2	0.54	88	2006.1	1	1.68
76	2000.2~2000.5	4	3.46	89	2007.1	1	0.67
77	2001.3~2001.5	3	3.8	90	2007.4~2007.5	2	0.23
78	2001.8~2001.9	2	1.39	91	2007.9	1	0.59
79	2001.11	1	1	92	2008.3	1	0.84
80	2002.2	1	1.09	93	2008.12~2009.1	2	0.72
81	2002.7~2002.8	2	0.61	94	2010.10~2011.1	4	3.29
82	2002.11	1	0.66	95	2011.3~2011.4	2	1.26
83	2004.3~2004.4	2	1.05	96	2011.6~2011.7	2	1.57
84	2004.1	1	0.68	97	2012.2	1	1.14
85	2005.1	1	0.62	98	2012.5~2012.6	2	1.48

8.2.2.2　单变量概率分布

单变量概率分布是研究多变量联合分布的基础。常用的分布类型有 Gamma 分布、Weibull 分布、Exponential 分布、Lognormal 分布、Normal 分布，根据郑州市干旱样本系列，采用极大似然法来估计各干旱特征变量的分布参数，利用传统的 χ^2 检验在给定置信水平条件下各备选分布函数是否通过检验，并采用离差平方和最小准则（OLS）对选定的分布函数进行评价，结果见表 8-5。

表 8-5　单变量参数估计成果表

分布类型	参数及检验	LS	LD
Gamma	α_1	3.6184	2.9230
	α_2	0.4992	0.4619
	χ^2	1	0
	OLS	0.0996	0.0561
Weibull	α_1	2.0503	1.5257
	α_2	1.8091	1.6954
	χ^2	1	1
	OLS	0.1172	0.0517

续表

分布类型	参数及检验	LS	LD
Exponential	α_1	1.8061	1.3502
	χ^2	0	1
	OLS	0.1457	0.0428
Lognormal	α_1	0.4467	0.1195
	α_2	0.5139	0.5972
	χ^2	1	1
	OLS	0.0844	0.0564
Normal	α_1	1.8061	1.3502
	α_2	1.0997	0.8716
	χ^2	1	1
	OLS	0.1090	0.0987

　　根据对各分布函数的评价及检验结果,本书认为干旱历时近似服从 Exponential 分布,干旱烈度近似服从 Gamma 分布。分别用着两种分布模型对郑州市干旱特征变量序列进行适线,其适线结果如图 8-4 所示。

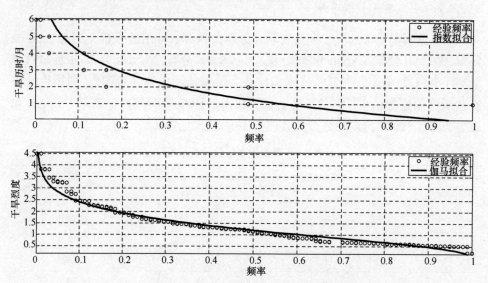

图 8-4　基于 SPI 的郑州市干旱历时和干旱烈度概率分布

8.2.2.3　单变量理论频率与重现期

从干旱事件识别可知,一年中可能发生多次干旱或一次干旱可能存在跨年现

象,因此常用于设计洪水的频率倒数重现期计算法不适用于干旱事件的重现期分析。常用处理干旱年重现期的公式大致有以下两个:

(1)若干旱事件系列(N 年数据)其发生时间间隔的期望值为 $E(L)$,则要发生一次干旱事件的年数(重现期)为 $T=E(L)/[1-F(x)]$;

(2)若干旱事件系列(N 年数据)共发生 n 次,则发生一次干旱事件的年数(重现期)可记为 $T=N/n[1-F(x)]=1/\theta[1-F(x)]$。

上述式中,$F(x)$ 为边缘分布函数;N 为所研究站点的降雨资料长度;n 为以月平均降雨为水平下截取出的干旱事件次数;θ 为 n 与 N 的比值。本书采用第一个重现期的计算公式。郑州市计算结果如表 8-6 所示。

表 8-6 基于 SPI 的单变量分布概率与重现期

理论值	干旱历时 理论概率	重现期	理论值	干旱烈度 理论概率	重现期
1.0	0.575	0.531	0.10	0.998	0.306
1.5	0.436	0.700	0.53	0.880	0.346
2.0	0.330	0.923	0.96	0.637	0.479
2.5	0.251	1.217	1.39	0.403	0.757
3.0	0.190	1.606	1.82	0.233	1.308
3.5	0.144	2.118	2.25	0.127	2.406
4.0	0.109	2.793	2.68	0.066	4.628
4.5	0.083	3.684	3.11	0.033	9.213
5.0	0.063	4.859	3.54	0.016	18.837
5.5	0.048	6.409	3.97	0.008	39.356
6.0	0.036	8.453	4.40	0.004	83.687

注:重现期单位为年。

8.2.2.4 单变量相依性度量

在用 Copula 函数描述变量间的相关性结构之前,还必须进行单变量相关性分析,以考察各变量之间的相关程度,确保它们是非独立的[6]。相关系数是衡量随机变量之间相关性常用的指标,因此分别选择 Pearson 线性相关系数 ρ_n、Spearman 相关系数 r_n 和 Kendall 秩相关系数 τ_n 描述 LS 和 LD 之间的相关关系。

(1)Pearson 线性相关系数

$$r_n = \frac{\sum_{i=1}^{n}(x_i-\bar{x})(y_i-\bar{y})}{n\sqrt{S_x^2 S_y^2}} \tag{8-2}$$

式中,$\bar{x},\bar{y}$ 为样本均值;S_x^2,S_y^2 为样本方差。

（2）Spearman 相关系数

$$\rho_n = \frac{12}{n(n-1)(n+1)}\sum_{i=1}^{n}R_iS_i - 3\frac{n+1}{n-1} \tag{8-3}$$

式中,R_i,S_i 分别为 x_i,y_i 的秩（在样本 $x_1,\cdots,x_n$ 和 $y_1,\cdots,y_n$ 中的次序）。

（3）Kendall 秩相关系数

$$\tau_n = \frac{P_n - Q_n}{\binom{n}{2}} = \frac{4}{n(n-1)}P_n - 1 \tag{8-4}$$

式中,P_n,Q_n 分别为两样本一致和不一致的组数。对于二元样本组(x_i,y_i)和(x_j,y_j),若满足$(x_i - x_j)(y_i - y_j) > 0$,$P_n$ 组数加 1,即为一致;反之,Q_n 组数加 1,为不一致。

表 8-7 为郑州市干旱历时、烈度相关性度量。从表 8-7 可以看出两变量之间存在一定程度的相依性,所以可以使用 Copula 函数研究多变量的干旱联合特性。

表 8-7　郑州市干旱历时、烈度相关性度量

相关系数	r_n	ρ_n	τ_n
计算结果	0.6766	0.6098	0.4819

8.2.3　多变量联合特性分析

8.2.3.1　二维 Copula 函数概率分布

对称型 Archimedean Copula 函数是目前研究双变量联合概率分布的主要工具。最常用的 Archimedean Copula 函数有 Gumbel-Hougard（G-H）、Clayton 和 Frank Copula。基于以上几种二维 Archimedean Copulas 函数,分别模拟郑州市干旱历时和烈度的二维联合分布特性。

根据郑州市干旱样本系列,采用极大似然法来估计各分布函数的参数,利用传统的 χ^2 检验在给定置信水平条件下各备选联合分布函数是否通过检验,并采用 AIC 信息准则法对选定的分布函数进行评价,结果见表 8-8。

表 8-8　郑州市二维分布函数参数估计与拟合度评价

分布类型	参数及检验	计算结果
Gumbel-Houggard	θ_1	7.7060
	AIC	−371.2426
Frank	θ_2	29.1197
	AIC	−319.0851

续表

分布类型	参数及检验	计算结果
Ali-Mikhail-Haq	θ_3	1.3391
	AIC	−171.3722
Clayton	θ_4	29.0815
	AIC	−369.5552

由表 8-8 二维分布函数参数估计及评价结果可以看出,就函数对 LS 和 LD 的拟合效果而言,G-H 为最佳拟合函数,因此,本节采用 G-H Copula 函数来模拟郑州市干旱历时、烈度的联合分布特性。

8.2.3.2 二维组合概率和重现期

为了更好地论述联合(条件)概率(重现期),现对干旱特征变量给予符号表示。干旱历时(LS)和干旱烈度(LD),所取得的相应数值对应为 ls,ld,而对应的边缘分布则分别记为 u_1,u_2。

1) 同现概率与重现期

LS 与 LD 同现不超越概率

$$P(\text{LS}\leqslant \text{ls},\text{LD}\leqslant \text{ld})=C(u_1,u_2) \tag{8-5}$$

LS 与 LD 同现不超越重现期

$$T=\frac{E(L)}{C(u_1,u_2)} \tag{8-6}$$

LS 与 LD 同现超越概率

$$P(\text{LS}>\text{ls},\text{LD}>\text{ld})=1-u_1-u_2+C(u_1,u_2) \tag{8-7}$$

LS 与 LD 同现超越重现期

$$T=\frac{E(L)}{1-u_1-u_2+C(u_1,u_2)} \tag{8-8}$$

2) 联合概率与重现期

LS 与 LD 联合不超越概率

$$P(\text{LS}\leqslant \text{ls or LD}\leqslant \text{ld})=u_1+u_2-C(u_1,u_2) \tag{8-9}$$

LS 与 LD 联合不超越重现期

$$T_0=\frac{E(L)}{u_1+u_2-C(u_1,u_2)} \tag{8-10}$$

LS 与 LD 联合超越概率

$$P(\text{LS}>\text{ls or LD}>\text{ld})=1-C(u_1,u_2) \tag{8-11}$$

LS 与 LD 联合超越重现期

$$T=\frac{E(L)}{1-C(u_1,u_2)} \tag{8-12}$$

3) 条件概率与重现期

给定 LS 小于等于某定值条件下 LD 的条件概率与重现期

$$P_1(\mathrm{LD}\leqslant \mathrm{ld}\,|\,\mathrm{LS}\leqslant \mathrm{ls})=\frac{C(u_1,u_2)}{u_1} \tag{8-13}$$

$$T_1=\frac{E}{P_1}=E/\frac{C(u_1,u_2)}{u_1} \tag{8-14}$$

$$P_2(\mathrm{LD}>\mathrm{ld}\,|\,\mathrm{LS}\leqslant \mathrm{ls})=\frac{u_1-C(u_1,u_2)}{u_1} \tag{8-15}$$

$$T_2=\frac{E}{P_2}=E/\frac{u_1-C(u_1,u_2)}{u_1} \tag{8-16}$$

给定 LS 等于某定值条件下 LD 的条件概率与重现期

$$P_3(\mathrm{LD}\leqslant \mathrm{ld}\,|\,\mathrm{LS}=\mathrm{ls})=\frac{\partial C(u_1,u_2)}{\partial u_1} \tag{8-17}$$

$$T_3=\frac{E}{P_3}=E/\frac{\partial C(u_1,u_2)}{\partial u_1} \tag{8-18}$$

$$P_4(\mathrm{LD}>\mathrm{ld}\,|\,\mathrm{LS}=\mathrm{ls})=1-\frac{\partial C(u_1,u_2)}{\partial u_1} \tag{8-19}$$

$$T_4=\frac{E}{P_4}=E/\left(1-\frac{\partial C(u_1,u_2)}{\partial u_1}\right) \tag{8-20}$$

给定 LS 大于某定值条件下 LD 的条件概率与重现期

$$P_5(\mathrm{LD}\leqslant \mathrm{ld}\,|\,\mathrm{LS}>\mathrm{ls})=\frac{u_2-C(u_1,u_2)}{1-u_1} \tag{8-21}$$

$$T_5=\frac{E}{1-u_1}\frac{1}{u_2-C(u_1,u_2)} \tag{8-22}$$

$$P_6(\mathrm{LD}>\mathrm{ld}\,|\,\mathrm{LS}>\mathrm{ls})=\frac{1-u_1-u_2+C(u_1,u_2)}{1-u_1} \tag{8-23}$$

$$T_6=\frac{E}{1-u_1}\frac{1}{1-u_1-u_2+C(u_1,u_2)} \tag{8-24}$$

由以上公式可得到郑州市干旱历时与烈度的联合(条件)概率分布图及等值线图,见图 8-5、图 8-6。

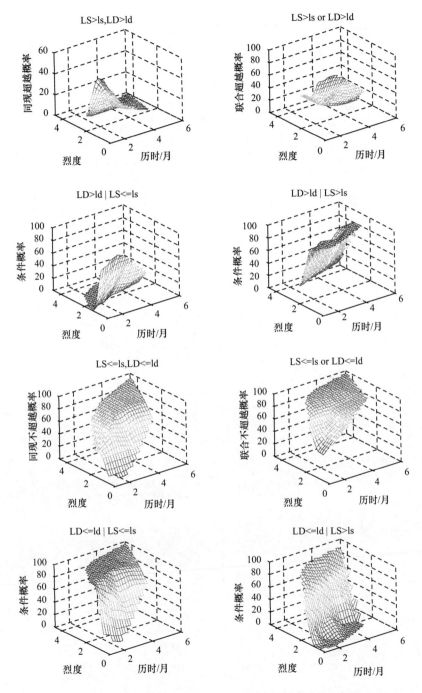

图 8-5　基于 SPI 的郑州市干旱历时与烈度的联合(条件)概率分布图

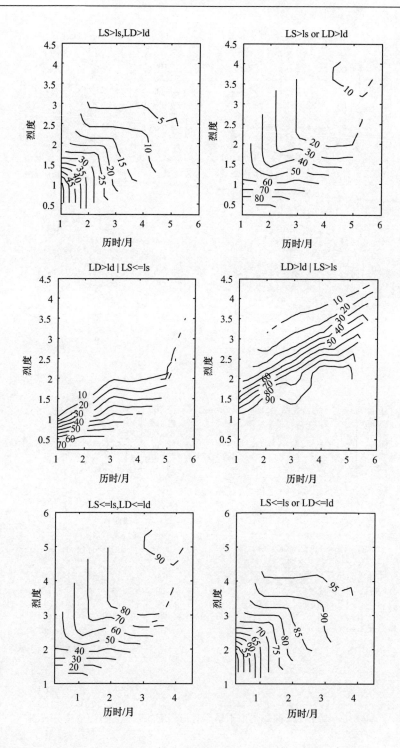

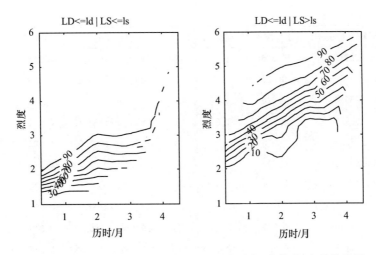

图 8-6　基于 SPI 的郑州市干旱历时与烈度联合(条件)概率等值线图

8.2.4　农业旱灾危险性

通过以上干旱概率模型分析,在以往学者对旱灾危险性研究[132]的基础上,采用干旱历时和干旱烈度的同现超越概率来表征旱灾危险性。

因此,旱灾危险性可以表示为

$$H = 1 - P \qquad (8\text{-}25)$$

式中,H 为旱灾危险性;P 为干旱历时和烈度的同现超越概率。

以 2011 年郑州市为例,从表 8-9 可以看出,2011 年郑州市遭遇三次干旱事件:第一次为自 2010 年 10 月持续至 2011 年 1 月,干旱频率为 0.024;第二次为 2011 年 3 月至 2011 年 4 月,干旱频率为 0.329;第三次为 2011 年 6 月至 2011 年 7 月,干旱频率为 0.302。对于一年内发生多次干旱事件的情况,可选取最严重的一次干旱事件作为该年份的代表,因此,2011 年郑州市干旱事件频率为 0.024,根据式(8-25)计算可得 2011 年郑州市农业旱灾危险性 H 为 0.976。据此可得 2011 年河南省 18 个地区农业旱灾危险性分布,见表 8-10。

表 8-9　基于 SPI 的郑州市干旱频率和重现期

序号	干旱起止时间	干旱频率	重现期/年	序号	干旱起止时间	干旱频率	重现期/年
1	1953.4	0.335	1.8	6	1956.9~1956.12	0.010	61.6
2	1953.9~1953.10	0.060	10.1	7	1957.6	0.575	1.1
3	1954.3	0.432	1.4	8	1957.8~1957.9	0.027	22.7
4	1955.5~1955.6	0.157	3.9	9	1958.2	0.560	1.1
5	1955.11	0.575	1.1	10	1958.4	0.300	2.0

续表

序号	干旱起止时间	干旱频率	重现期/年	序号	干旱起止时间	干旱频率	重现期/年
11	1958.6	0.575	1.1	43	1978.8~1978.9	0.328	1.9
12	1958.8~1958.9	0.026	23.4	44	1979.10~1979.11	0.329	1.9
13	1959.4	0.510	1.2	45	1980.2	0.574	1.1
14	1959.7	0.370	1.6	46	1980.11~1980.12	0.281	2.2
15	1960.2	0.575	1.1	47	1981.4~1981.5	0.125	4.9
16	1960.4~1960.6	0.096	6.3	48	1981.10	0.575	1.1
17	1961.7~1961.8	0.330	1.8	49	1982.12	0.575	1.1
18	1962.2~1962.5	0.109	5.6	50	1983.11~1984.3	0.063	9.7
19	1963.1~1963.2	0.227	2.7	51	1985.6~1985.7	0.319	1.9
20	1963.7	0.253	2.4	52	1986.2	0.575	1.1
21	1963.10	0.548	1.1	53	1986.6~1986.8	0.137	4.4
22	1965.3	0.575	1.1	54	1986.11	0.575	1.1
23	1965.5~1965.8	0.109	5.6	55	1987.7	0.437	1.4
24	1965.12~1966.1	0.330	1.8	56	1987.12~1988.1	0.330	1.8
25	1966.8~1966.9	0.197	3.1	57	1988.6	0.434	1.4
26	1967.10	0.575	1.1	58	1988.11~1988.11	0.466	1.3
27	1967.12	0.574	1.1	59	1989.4	0.575	1.1
28	1968.2~1968.3	0.095	6.4	60	1989.8~1989.10	0.190	3.2
29	1968.6~1968.7	0.197	3.1	61	1990.10	0.398	1.5
30	1969.6~1969.7	0.329	1.9	62	1991.7~1991.10	0.106	5.8
31	1969.10~1970.1	0.107	5.7	63	1992.1~1992.2	0.328	1.9
32	1970.11~1970.12	0.330	1.8	64	1993.7	0.575	1.1
33	1972.8	0.575	1.1	65	1993.12	0.575	1.1
34	1973.11~1973.12	0.306	2.0	66	1994.9	0.574	1.1
35	1974.7	0.570	1.1	67	1995.1~1995.5	0.063	9.7
36	1975.3	0.571	1.1	68	1995.9	0.562	1.1
37	1975.5~1975.6	0.092	6.6	69	1995.11~1995.12	0.330	1.8
38	1975.11	0.575	1.1	70	1996.12	0.575	1.1
39	1976.1	0.574	1.1	71	1997.6~1997.8	0.051	11.9
40	1976.5	0.550	1.1	72	1997.10	0.478	1.3
41	1976.12~1977.3	0.109	5.6	73	1998.9~1999.2	0.003	201.1
42	1978.1	0.574	1.1	74	1999.8	0.575	1.1

续表

序号	干旱起止时间	干旱频率	重现期/年	序号	干旱起止时间	干旱频率	重现期/年
75	1999.11~1999.12	0.330	1.8	87	2006.3	0.575	1.1
76	2000.2~2000.5	0.019	32.7	88	2006.10	0.281	2.2
77	2001.3~2001.5	0.010	58.6	89	2007.1	0.575	1.1
78	2001.8~2001.9	0.325	1.9	90	2007.4~2007.5	0.330	1.8
79	2001.11	0.558	1.1	91	2007.9	0.575	1.1
80	2002.2	0.535	1.1	92	2008.3	0.572	1.1
81	2002.7~2002.8	0.330	1.8	93	2008.12~2009.1	0.330	1.8
82	2002.11	0.575	1.1	94	2010.10~2011.1	0.024	24.9
83	2004.3~2004.4	0.330	1.8	95	2011.3~2011.4	0.329	1.9
84	2004.10	0.575	1.1	96	2011.6~2011.7	0.302	2.0
85	2005.1	0.575	1.1	97	2012.2	0.515	1.2
86	2005.3~2005.4	0.330	1.8	98	2012.5~2012.6	0.317	1.9

表 8-10　2011 年河南省农业旱灾危险性分布表

序号	地区	干旱频率	重现期/年	致灾因子危险性
1	郑州	0.024	24.943	0.976
2	开封	0.007	80.533	0.993
3	洛阳	0.099	6.161	0.901
4	平顶山	0.026	24.690	0.974
5	安阳	0.042	14.043	0.958
6	鹤壁	0.025	23.743	0.975
7	新乡	0.028	21.491	0.972
8	焦作	0.085	7.503	0.915
9	濮阳	0.025	24.917	0.975
10	许昌	0.006	109.621	0.994
11	漯河	0.024	26.996	0.976
12	三门峡	0.321	2.068	0.679
13	南阳	0.049	12.723	0.951
14	商丘	0.007	85.526	0.993
15	信阳	0.11	6.863	0.890
16	周口	0.021	31.597	0.979
17	驻马店	0.062	10.508	0.938
18	济源	0.099	6.509	0.901

　　由表 8-10 可以看出,2011 年河南省 18 地区农业旱灾危险性差异较为明显:危险性最高的三个地区为许昌、商丘、开封;危险性最低的三个地区为济源、洛阳、三

门峡；全省旱灾危险性由高到低依次是许昌、开封、商丘、周口、郑州、漯河、鹤壁、濮阳、平顶山、新乡、安阳、南阳、驻马店、焦作、洛阳、济源、信阳、三门峡，如图 8-7所示。

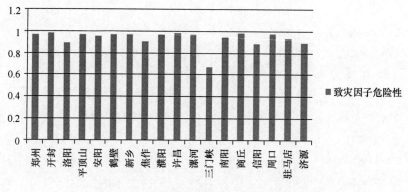

图 8-7　2011 年河南省农业旱灾危险性分布图

8.3　河南省农业旱灾脆弱性评价

河南省农业旱灾脆弱性评价同报告第五部分，其评价结果如下（表 8-11、图 8-8）。

表 8-11　河南省 18 个地区农业旱灾脆弱性等级

郑州	开封	洛阳	平顶山	安阳	鹤壁	新乡	焦作	濮阳
III	III	III	III	II	II	III	III	III
许昌	漯河	三门峡	南阳	商丘	信阳	周口	驻马店	济源
III	II	III	IV	III	IV	III	III	III

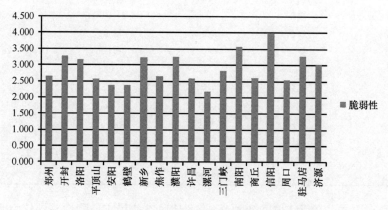

图 8-8　2011 年河南省农业旱灾脆弱性分布图

8.4　河南省农业旱灾风险评估

以河南省 2011 年为例,根据 8.2 节和 8.3 节对 2011 年河南省农业旱灾危险性及脆弱性的分析,将旱灾危险性、脆弱性计算成果带入农业旱灾风险评估模型(式(8-1)),即可得出 2011 年河南省各地区农业旱灾风险,见表 8-12、图 8-9、图 8-10。

表 8-12　2011 年河南省农业旱灾风险分布表

序号	地区	旱灾危险性	旱灾脆弱性	旱灾风险
1	郑州	0.976	2.650	2.587
2	开封	0.993	3.274	3.251
3	洛阳	0.901	3.162	2.849
4	平顶山	0.974	2.572	2.505
5	安阳	0.958	2.373	2.273
6	鹤壁	0.975	2.374	2.314
7	新乡	0.972	3.230	3.140
8	焦作	0.915	2.652	2.427
9	濮阳	0.975	3.245	3.163
10	许昌	0.994	2.596	2.581
11	漯河	0.976	2.178	2.126
12	三门峡	0.679	2.828	1.920
13	南阳	0.951	3.567	3.392
14	商丘	0.993	2.607	2.588
15	信阳	0.890	4.002	3.562
16	周口	0.979	2.536	2.482
17	驻马店	0.938	3.269	3.067
18	济源	0.901	3.017	2.718

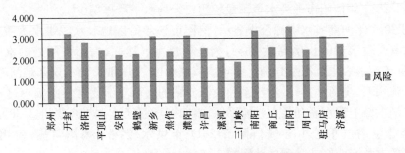

图 8-9　2011 年河南省农业旱灾风险分布图(一)

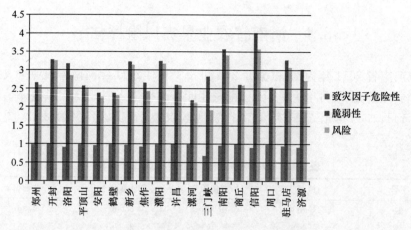

图 8-10　　2011 年河南省农业旱灾风险分布图(二)

从表 8-12 可以看出,2011 年度,河南省 18 个地区中,农业旱灾风险最高的三个地区为信阳、南阳、开封。农业旱灾风险最低的三个地区为安阳、漯河、三门峡,18 个地区农业旱灾风险由高到低排序依次为:信阳、南阳、开封、濮阳、新乡、驻马店、洛阳、济源、商丘、郑州、许昌、平顶山、周口、焦作、鹤壁、安阳、漯河、三门峡。从区域角度看,西部、北部地区风险较低,东部、南部地区风险较高。

下面以信阳市为例对风险评估结果做以分析说明。

信阳市地处长江流域和淮河流域分界线,常年雨量丰沛,气候温暖,水资源丰富,从常规层面理解,信阳市农业旱灾风险应该较低,但此评价结果显示,2011 年信阳市农业旱灾风险较高,通过分析,主要有以下原因。

(1) 2011 年信阳市降水较历史平均水平严重偏少。

据资料显示,2009～2012 年信阳市发生了四年连旱,其中 2011 年是 1952 年以来最严重的干旱:与降水量多年均值比较,全省 18 个省辖市有 10 个市出现不同程度的增加,但信阳市降水减幅达 35.1%,为全省最高;与 2010 年降水量比较,信阳市减幅达 34.6%,为全省最高。

(2) 2011 年信阳市地表水资源量较历史平均水平严重偏少。

据 2011 年河南省水资源公报显示,信阳市该年份以地表水源供水为主,地表水源占其总供水量的比例高达 86%,为全省最高。然而,信阳市所处的淮河、长江、海河流域地表水资源量分别比多年均值减少 49.7% 和 3.3%,豫南淮河流域的淮河干流水系、史河水系、洪汝水系和长江流域的唐河支流比常年减幅超过 50%,海河流域的漳卫河水系和豫东沙颍平原、南四湖湖西区比常年减幅超过 30%。地表水资源量的严重减少导致信阳市 2011 年供水较往年减幅明显,占用水量 67.6% 的农林渔业必然受到显著影响。

(3) 信阳市主要农作物耐旱能力和农业抗旱能力较差。

信阳市水稻年种植面积占年粮食种植面积 50％以上,2013 年,信阳市水稻产量占全省的 70％。与小麦、玉米等作物相比,水稻种植过程需水较多,对降水的依赖性较强,同时对水分亏缺较为敏感。同时,由于常年水资源充沛,信阳市的抗旱能力建设较为薄弱,以 2011 年为例,信阳市灌溉指数处于全省较低水平,耕地灌溉率约为 56％,低于河南省其他 14 个城市,单位面积配套机电井数量为 16.8 台,为全省最低,且远少于全省平均值 155.7 台。总体来说,信阳市农业旱灾脆弱性较高,与河南省其他地区相比,信阳在发生同样频率的干旱事件时更易于遭受灾害损失,特别是遭遇重大干旱事件时,常规抗旱能力的不足会使农业生产遭受较大的损失。

综上所述,基于灾害系统理论的农业旱灾风险评估方法对河南省 2011 年各地区农业旱灾风险的评估结果与该年份农业旱情基本相符,也进一步说明本研究提出的农业旱灾风险分析方法具有较高的可靠度。

8.5　本 章 小 结

本章考虑将 2011 年河南省各地区旱灾风险评估结果同当年粮食生产情况做对比分析,以检验该年份农业旱灾风险评估结果的合理性。

随着科学技术的进步,我国粮食产量总体呈增长趋势,也就是说尽管每年粮食产量会因灾减产,但产量仍可能高于往年。因此,仅通过当年粮食减产量不足以准确描述干旱灾害对当年粮食产量的影响,鉴于此,本书采用粮食产量增长指数 L 来表征该年份的粮食生产情况,粮食产量增长指数可以表示为

$$L＝指定年份粮食增产量/多年平均粮食增产量 \tag{8-26}$$

现有河南省 18 地区 1978～2013 年 36 年的粮食产量数据,通过计算可以得出河南省各地区 2011 年粮食增产指数,见表 8-13。

表 8-13　2011 年河南省各地区粮食生产情况表

地区	2010 年产量	2011 年产量	2011 年增产量	2011 年增产量归一化值	多年平均增产量	2011 年增产指数
郑州	166.69	166.70	0.014	0.178	1.644	1.083
开封	255.56	258.95	3.390	0.296	5.427	0.546
洛阳	235.92	230.85	−5.072	0.100	2.855	0.350
平顶山	197.24	197.16	−0.076	0.175	3.112	0.562
安阳	334.24	338.00	3.762	0.309	6.659	0.465
鹤壁	111.63	113.30	1.675	0.236	2.430	0.972

续表

地区	2010 年产量	2011 年产量	2011 年增产量	2011 年增产量归一化值	多年平均增产量	2011 年增产指数
新乡	381.15	390.23	9.076	0.495	7.682	0.645
焦作	199.41	200.53	1.123	0.217	2.980	0.728
濮阳	251.03	253.71	2.679	0.271	5.507	0.493
许昌	274.99	277.22	2.227	0.256	4.884	0.523
漯河	167.99	169.14	1.142	0.218	3.110	0.700
三门峡	63.25	62.59	−0.661	0.154	0.533	2.898
南阳	584.02	593.60	9.578	0.513	11.638	0.441
商丘	598.68	608.19	9.509	0.511	13.676	0.373
信阳	575.22	579.68	4.464	0.334	10.985	0.304
周口	723.71	747.20	23.482	1.000	16.039	0.623
驻马店	670.36	684.86	14.503	0.686	15.071	0.455
济源	21.64	21.55	−0.094	0.174	0.004	0.500

由此可以作出 2011 年河南省各地区粮食增产指数与该年份农业旱灾风险评估值的对比分析图,见图 8-11。

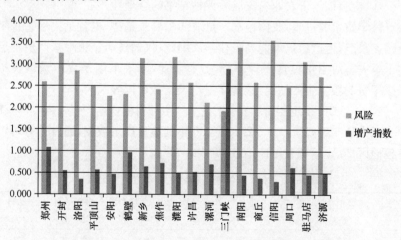

图 8-11　2011 年河南省各地区旱灾风险与粮食产量对比图

为更直观地反映旱灾风险评估结果是否与实际粮食生产情况相符,现对 2011 年河南省 18 地区粮食增产指数与该年份农业旱灾风险评估值作相关分析,本章采用 Kendall 秩相关系数 τ_n 描述两者的相关关系。

从图 8-11 可以看出,2011 年河南省农业旱灾风险评估值与粮食增产指数之间有较好的相关性。2011 年,三门峡市旱灾风险较其他地区明显偏低,对应的该年份粮食增产指数较高;开封市和信阳市旱灾风险较高,对应的粮食增产指数较低;整体而言,旱灾风险与粮食增产指数具有较好的相关性,即旱灾风险高的地区,农业损失较为严重,旱灾风险低的地区,农业损失相对较轻。

根据表 8-14 旱灾风险与粮食增产指数相关性计算结果,Kendall 秩相关系数 τ_n 为 -0.6347,因此可以反映出 2011 年河南省农业旱灾风险评估值与粮食增产指数之间具有较好的负相关性:农业旱灾风险评估结果较高的地区,该年份粮食增产指数较小,即反映出该年份粮食产量收到旱灾影响较大;农业旱灾风险评估结果较低的地区,该年份粮食产量增产指数较高,即反映出该年份粮食生产收旱灾影响相对较小,这与实际情况相符。

表 8-14　旱灾风险与粮食增产指数相关性

相关系数	τ_n
计算结果	-0.6347

因此,此方法对河南省农业旱灾风险的评估结果与地区实际相符,评估方法具有一定的可靠性。

第9章 区域农业干旱预报、预警研究

关于干旱缺水问题,人们长期以来主要通过建设水源工程来满足逐渐增加的用水量需求,采用被动的方式对干旱缺水问题进行管理,由于干旱灾害近年来受到更多的关注,人们开始意识到应该在干旱前着手准备,预测干旱发生、发展、衰亡的过程,从而尽可能提前采取有针对性的措施减轻或者缓解干旱损失。农业干旱预警指的是,一定的区域范围内,在农业干旱发生前发出警报,以此来指导农业生产单元进行积极主动抗旱,以减少干旱影响与损失的农业气象服务过程。可以有效地指导农户避灾,从而降低投入风险,挽回农民不必要的经济损失。为保障粮食安全、组织抗旱救灾等工作以及降低干旱灾害的损失提供技术支撑。

9.1 基于云模型的区域中长期降雨预测研究

对未来降雨量及其时程分配进行中长期预测,是灌区制定用水计划的重要组成部分,它直接影响着灌区水资源配置方案、种植结构优化调整及水生生态系统的健康发展[134]。中长期水文预报的常用方法主要包括成因分析法和统计分析法两种,其中统计分析法又包括多元回归法和自回归。对于中小流域,由于气象资料等其他相关信息的获取存在一定的难度,目前该方面的预测往往以从历史数据中挖掘规律进行未来年型预测的时间序列分析方法为主,具体方法有灰色预测[135]、神经网络预测法[136]等,并取得了一定的成就。但上述方法存在以下几方面的问题:①对于降雨时程分配中的随机不确定性和模糊不确定性问题,上述方法不能作出令人满意的解答;②降雨时程分配千差万别,但计算时往往选取一个固定的典型代表年进行放大,过于笼统。针对以上问题,有必要寻找一种善于针对不确定性进行预测,并能够更合理地确定降雨时程分配的方法。李德毅等[137]在传统模糊集理论和概率统计的基础上提出定性概念与定量概念之间的不确定性转换模型——云模型,该模型为解决这一问题提供一种新的途径。因此,本节尝试通过云模型来进行区域的中长期降雨量预测,并以河南省濮阳市渠村灌区的降雨时程分布为例进行研究。

9.1.1 基于云模型进行预测的基本概念

9.1.1.1 云模型

定义设 U 是一个用精确数值表示的论域,U 上对应的定性概念 $\tilde{A}$,对于论域中的任意一个元素 x,都存在一个有稳定倾向的随机数 $\mu_{\tilde{A}}(x)$,称作 x 对 $\tilde{A}$ 的隶属程度,隶属程度在论域上的分布称为云模型,简称为云[138]。

云是用定性值表示的某个定性概念与其定量表示之间的不确定性转换模型。云可以用图形表示,简称云图。云模型的具体实现方法可以有多种,构成了不同类型的云,如正态云、半降云、梯形云等[139]。其中正态云是最重要的云模型,大部分语言值适合用正态云表达,本书以正态云为基础进行研究。

云由许许多多云滴组成,单个云滴是定性值在数量上的一次具体实现,其横坐标值表示定性概念这次对应的量值,纵坐标值表示这个量值代表定性概念的隶属程度[140]。云的数字特征用期望 Ex、熵 En 和超熵 He 个数值来表征。期望 Ex 表示云重心对应的 x 值,反映了相应的定性概念的信息中心值;熵 En 一方面是定性概念随机性的度量,反映了能够代表这个定性概念的云滴的离散程度,另一方面又是定性概念亦此亦彼性的度量,反映了论域空间中可被概念接受的云滴的取值范围;超熵 He 是熵的随机性度量,即熵的熵,由熵的随机性和模糊性共同决定,超熵的大小在云图中体现为云的厚度。正态云图及数字特征的意义如图 9-1 所示。

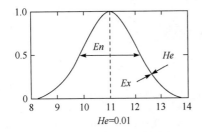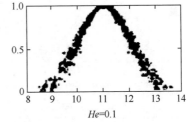

图 9-1　一维正态云图

9.1.1.2　模糊规则集的构建

基于云模型进行预测的规则集是利用区域内已有观测数据挖掘出数据的内在联系,是对未来事件进行预测的基础,规则集的生成过程实际上就是示例学习的过程。下面以 m 元计算为基础说明模糊规则集的构建过程[141]。

设 F 为一个计算,$y_1,y_2,\cdots,y_m$ 为论域 $\Omega_1=(U_1\times U_2\times\cdots\times U_m)$ 上的 m 个预测变量,S 为论域 Ω_2 上计算的结果,则称计算 F 为 m 元计算,记为

$$S=F(y_1,y_2,\cdots,y_m) \tag{9-1}$$

m 元规则的定义:若 $A_1,A_2,\cdots,A_m$ 是一组前件,B 为后件(结论),则称其为一个 m 元规则,记为 R:

$$\text{If } A_1,A_2,\cdots,A_m,\text{ then } B \tag{9-2}$$

规则集的生成:若在论域 Ω_1 中抽取一组样本数据 $(a_{1,1},a_{2,1},\cdots,a_{m,1})$ 进行一次 m 元 F 计算,记 s_1 为该计算的结果值,则该计算生成一条 m 元规则。若选取 k 组样本数据进行 k 次 F 计算,则可得到 k 条规则:

$$\text{If } a_{1,i},a_{2,i},\cdots,a_{m,i},\text{ then } s_i,\quad i=1,2,\cdots,k \tag{9-3}$$

规则集的模糊化:对于 m 元计算 F,若论域 $\Omega_1=(U_1\times U_2\times\cdots\times U_m)$ 对应 m 个定性概念集合 $(\widetilde{A}^1\times\widetilde{A}^2\times\cdots\times\widetilde{A}^m)$,每个定性集合 $\widetilde{A}^i$ 包含 K_i 个定性概念,即 $\widetilde{A}^i=\{\widetilde{A}^i_1\times\widetilde{A}^i_2\times\cdots\times\widetilde{A}^i_{k_i}\}$;论域 Ω_2 对应一个定性概念集合 $\widetilde{A}^B$,它包含 K_B 个定性概念 $\{\widetilde{A}^B_1,\widetilde{A}^B_2,\cdots,\widetilde{A}^B_{K_B}\}$,则上述规则中的任一组数据 $(a_{1,i},a_{2,i},\cdots,a_{m,i},s_i)$ 均可规约为一组定性概念,从而实现规则集的模糊化。

9.1.1.3　逆向云发生器

逆向云发生器是实现从定量值到定性概念的转换模型,它可以将一定数量的精确数据转换为以数字特征 (Ex,En,He) 表示的定性概念[142]。如果某个论域 U 对应一个定性概念,该定性概念包含了 n 个数据,则可通过以下公式实现定量值到定性概念的转化:

$$Ex=\overline{X} \tag{9-4}$$

$$En=\sqrt{\frac{\pi}{2}}\times\frac{1}{n}\sum_{i=1}^n|x_i-\overline{X}| \tag{9-5}$$

$$He=\sqrt{S^2-En^2} \tag{9-6}$$

式中,$\overline{X}=\dfrac{1}{n}\sum_{i=1}^n x_i$,$S^2=\dfrac{1}{n-1}\sum_{i=1}^n(x_i-\overline{X})^2$。

利用逆向云发生器可以将上节所述各组定性概念用云的形式 (Ex,En,He) 表达出来。

9.1.1.4　数值变量及规则的云化

根据云的定义,若论域 U_i 上对应的定性概念集合 $\widetilde{A}^i$,它包含 K_i 个定性概念 $\{\widetilde{A}^i_1,\widetilde{A}^i_2,\cdots,\widetilde{A}^i_{ki}\}$,则其云表达形式为 $\{Ex^i_j,En^i_j,He^i_j\}$,式中 $j=1,2,\cdots,K_i$。那么对于任意给定数值变量的值 $\alpha\in U$,若其归约于某个定性概念 $\widetilde{A}^i_j$,则其确定度 μ 可按如下方法计算:

$$En'=\mathrm{NORM}(En^i_j,He^{i2}_j) \tag{9-7}$$

$$\mu=\exp\left[-\frac{(\alpha-Ex^i_j)^2}{2(En')^2}\right] \tag{9-8}$$

利用上述公式,对于 m 元计算 F,其论域 $\Omega_1=(U_1\times U_2\times\cdots\times U_m)$ 对应 m 个定性概念集合 $(\widetilde{A}^1\times\widetilde{A}^2\times\cdots\times\widetilde{A}^m)$,每个定性集合包含 K_i 个定性概念。任给一组论域内的数据 $(a_1,a_2,\cdots,a_m)$,若规约了各数据所归属的定性概念,则应用上述步骤可求出该组数据的确定度 $(\mu_1,\mu_2,\cdots,\mu_m)$,从而实现了 m 元数据的云化。

同样,应用上述公式,k 样本规则集可生成 k 条云规则,从而构成云规则集 $\mathfrak{R}$:

$$\mathrm{If}\ \mu_{1,i},\mu_{2,i},\cdots,\mu_{m,i},\ \mathrm{then}\ \mu_{si},\quad i=1,2,\cdots,k \tag{9-9}$$

式中,$(\mu_{1,i},\mu_{2,i},\cdots,\mu_{m,i})$ 称为规则前件确定度,μ_{si} 称为规则后件确定度。

9.1.1.5　控制规则的选取

规则的选择是云模型进行预测的关键,选取规则的方法有多种,本书采用海明距离来选择规则。对于一个 m 元预测,其前件为 $(a_1, a_2, \cdots, a_m)$,若存在 k 个样本规则集,则依照其第 i 条前件规则,可计算出第 i 条预测确定度 $(\hat{\mu}_{1,i}, \hat{\mu}_{2,i}, \cdots, \hat{\mu}_{m,i})$。若第 i 条前件确定度记为 $(\mu_{1,i}, \mu_{2,i}, \cdots, \mu_{m,i})$,则可按下式计算各条预测前件确定度与准则前件确定度的海明距离:

$$D_j = \sum_{j=1}^{m} |\mu_{j,i} - \hat{\mu}_{j,i}|, \quad i = 1, 2, \cdots, k \tag{9-10}$$

以海明距离最小者所对应的规则作为选定的预测规则。

9.1.1.6　云的数值化

对于某一定性概念 (Ex, En, He),若已知某定量值对应于它的确定度 μ,则可通过后件云发生器实现云的数值化。其公式如下:

$$En' = \text{NORM}(En, He^2) \tag{9-11}$$

$$s = Ex \pm En' \sqrt{-21n\mu} \tag{9-12}$$

9.1.2　云模型在降雨预测中的应用

若已知 l 年一长系列降雨资料,并已知逐年各关键时段的降雨量,则应用上述理论,采用如下步骤可实行降雨的雨预测:

(1) l 年资料划分为两部分 l_1 和 l_2,其中前 l_1 年为处理组,后 l_2 年为试验组。

(2) 根据不同的研究目的,构建以关键时段为指标的聚类准则,对该长系列降雨资料按照某种方式进行聚类分析,可生成若干个组,既形成了若干个定性概念(如丰、平、枯等);通过该步处理,每一个降雨年份都对应一个定性概念。

(3) 利用式(9-4)~式(9-6)实现定性概念的云化,即上述定性概念丰、平、枯均可以 (Ex, En, He) 的形式表达;另外,针对预测要求不同,可采用该方法这对某个定性概念中的特定时段实现概念的云化(例如,对定性概念枯中的某个月份实现云化)。

(4) 对于自回归模型,假设预测变量为 m 个(m 根据计算结果进行优化选取),则对于处理组,可构成 $l_1 - m$ 条 m 元 F 计算,亦即生成了 $l_1 - m$ 条规则,其中 $m+1$ 至 l_1 的降雨资料构成计算的后件,每个后件所对应的前 m 个降雨资料构成该条计算的前件。

(5) 根据规则中各个降雨年份所属定性概念实现规则的模糊化;利用式(9-7)、式(9-8)实现规则的云化,构建 $l_1 - m$ 条云规则。

(6) 以实验组各个年份前 m 年降雨资料构建 l_2 个预测前件,利用式(9-7)、式(9-8)实现预测前件的云化。

（7）利用9.1.1.5节介绍的方法选取规则，根据所选规则确定预测后件的确定度；后件确定度根据预测要求，可以是全年降雨量的确定度，也可以是某个指定时段的确定度。

（8）根据选择的规则，利用式（9-11）、式（9-12）实现云的数值化，计算时，若选定规则后件实测值大于均值，则式（9-12）中取"＋"，否则取"－"；对于降雨预测，作如下规定：若计算出的 s 小于零，则取 $s=0$。

（9）选取不同的定性概念分组方案，不同的预测变量 m，重复步骤（2）～步骤（8）进行多次预测，从中选取与实测数据最接近的方案作为最终的模型参数。

9.1.3 算例

河南省渠村引黄灌区位于濮阳市西部，属东亚季风区，灌区内农作物种植面积为 22.91 万公顷，主要作物为小麦、玉米和棉花，现有该灌区 1961～2013 共 53 年降雨资料，见表 9-1。为制定未来年份的灌溉用水计划，现构建云推理模型，利用现有降雨量资料预测未来年份的降雨量。基于云推理的降雨量预测模型控制参数有两个，模糊概念的数量和前件变量的数值，本次计算模糊概念的数量考虑了 3 个和 5 个两种方案，预测变量的数量考虑了 5 种方案（$m=1～3$）。经比较，当模糊概念为 3 个、预测变量为 3 个时计算结果较为理想，本书针对该方案进行阐述。

表 9-1　1961～2013 年的降雨数据

年份	一月	二月	三月	四月	五月	六月	七月	八月	九月	十月	十一月	十二月
1961	0.4	1.1	19.5	17.5	24.4	46.6	87.5	254.6	152.1	105.0	39.7	2.3
1962	0.6	31.1	0.1	12.1	1.8	40.3	129.4	239.7	39.3	43.2	70.2	1.1
1963	0.0	2.5	30.1	43.0	137.2	91.7	212.0	467.0	54.0	0.7	13.3	16.4
1964	14.4	19.4	13.1	187.6	84.8	17.7	224.0	169.5	114.4	98.8	11.3	2.9
1965	4.5	8.1	4.1	30.1	6.3	89.8	36.1	29.2	20.7	13.0	34.5	0.0
1966	0.0	4.6	33.7	15.1	10.2	38.2	87.8	37.8	4.9	16.5	12.7	2.9
1967	8.6	20.7	29.7	24.9	14.2	57.4	166.2	135.2	229.8	8.7	65.3	0.0
1968	2.8	2.2	4.2	15.0	17.6	33.8	89.2	130.3	43.5	97.5	32.9	19.0
1969	10.2	14.9	6.8	97.2	30.5	11.4	114.6	194.1	285.0	9.5	0.0	0.0
1970	0.3	8.7	5.5	22.7	46.1	46.9	266.1	181.3	27.8	21.4	4.7	0.0
1971	6.6	14.4	15.4	36.4	15.5	224.9	176.4	192.5	47.1	12.8	37.2	17.8
1972	20.7	5.7	14.4	4.6	59.4	23.3	239.5	102.2	68.7	48.7	23.7	0.3
1973	16.5	5.4	6.3	44.8	28.7	91.5	265.5	154.9	38.6	70.8	0.5	0.0
1974	1.0	6.3	23.9	3.0	31.4	25.5	97.1	293.5	63.3	40.3	48.5	43.3
1975	2.1	1.1	7.0	76.9	8.9	18.0	156.1	53.0	126.4	49.5	2.6	10.4
1976	0.0	40.8	6.4	27.4	8.9	34.2	221.0	176.3	12.2	20.5	11.2	1.4
1977	7.9	0.0	12.3	59.3	80.1	31.5	206.9	39.9	18.2	56.8	15.1	4.8
1978	0.0	6.6	18.7	0.8	14.8	59.2	126.0	28.1	11.4	46.7	12.3	5.6

续表

年份	一月	二月	三月	四月	五月	六月	七月	八月	九月	十月	十一月	十二月
1979	13.3	21.4	63.5	74.6	33.0	55.1	132.1	39.9	54.3	0.4	1.3	26.5
1980	1.5	0.5	20.1	22.5	38.5	175.8	117.5	75.3	92.9	50.2	1.3	0.0
1981	7.0	0.1	13.0	3.4	0.4	48.3	92.3	171.3	17.8	18.0	7.9	0.2
1982	1.8	13.7	12.2	13.6	121.7	51.0	138.9	152.9	34.0	18.6	20.6	0.0
1983	3.4	1.2	43.7	63.3	83.3	12.4	146.0	51.2	177.3	90.2	1.2	0.0
1984	0.0	0.0	4.6	9.1	49.1	43.4	145.6	165.8	135.1	12.4	26.1	34.2
1985	0.8	3.3	7.4	13.2	79.5	23.8	34.6	141.0	131.7	53.4	2.7	2.6
1986	0.1	0.0	15.3	3.1	76.3	57.1	42.4	114.8	24.1	54.2	0.9	9.3
1987	9.0	12.1	28.5	16.8	49.9	133.2	81.6	124.8	61.7	77.9	16.8	0.0
1988	0.0	1.6	17.5	5.4	50.9	32.0	190.8	72.4	4.2	26.8	0.0	4.9
1989	36.3	0.6	35.0	19.3	36.7	108.0	222.4	24.8	18.3	1.4	12.6	2.4
1990	24.0	43.9	84.4	34.3	112.2	129.8	243.9	193.7	15.2	1.1	40.2	2.4
1991	3.7	3.0	56.8	23.6	82.1	51.5	189.9	36.5	38.9	3.8	6.0	5.0
1992	0.5	6.6	9.6	9.0	38.8	13.5	136.6	157.4	40.6	11.7	0.0	8.6
1993	7.8	11.6	13.8	58.8	50.2	151.4	168.3	88.8	23.4	65.6	88.2	0.0
1994	0.0	7.3	4.2	74.9	14.6	135.8	268.9	64.7	17.2	99.8	18.4	0.0
1995	0.0	0.2	26.8	7.0	29.0	51.0	153.0	78.0	6.8	59.5	0.0	0.0
1996	1.1	8.6	9.3	26.9	48.4	34.4	128.6	116.2	24.3	42.1	24.0	0.3
1997	1.5	18.3	57.9	11.9	79.9	6.4	69.9	2.1	87.2	0.6	24.1	2.8
1998	1.3	21.4	46.1	30.9	134.0	45.2	95.1	370.1	0.0	2.8	1.1	3.2
1999	0.0	0.0	22.1	15.6	25.4	58.9	103.4	70.8	78.5	57.1	7.0	0.0
2000	13.3	2.6	0.0	18.5	20.0	151.0	457.0	24.7	67.9	88.8	35.1	26.0
2001	20.6	14.7	2.8	8.1	1.0	108.0	112.0	7.0	20.0	22.0	2.0	10.0
2002	12.0	0.0	7.0	18.0	113.0	73.0	103.0	30.0	0.0	0.0	0.0	0.0
2003	5.1	14.4	29.1	49.6	21.0	64.2	149.3	206.3	157.6	124.3	33.0	12.3
2004	1.7	10.3	11.9	12.9	79.9	128.9	228.6	116.7	36.7	3.1	37.5	14.2
2005	0.0	11.2	0.3	5.4	59.1	121.7	306.4	84.2	182.6	22.2	7.2	3.2
2006	4.5	8.2	0.1	10.0	43.6	76.4	96.3	129.2	21.1	0.1	38.4	8.3
2007	0.0	8.0	57.7	10.0	46.1	89.1	141.3	125.9	27.0	19.8	2.3	10.4
2008	10.9	3.0	7.0	71.7	33.9	106.8	159.2	81.7	54.6	8.7	4.2	1.1
2009	0.0	18.2	18.5	40.0	63.1	26.4	171.9	128.8	49.3	13.7	34.5	0.7
2010	0.7	19.1	10.6	24.5	19.6	75.6	116.3	279.6	163.9	1.6	0.0	0.2
2011	0.0	22.3	0.3	14.1	53.0	33.8	58.4	128.6	154.5	34.8	80.1	9.0
2012	2.6	0.1	24.9	41.6	5.9	12.8	155.4	67.2	32.8	14.0	15.1	17.3
2013	4.1	13.2	2.2	9.7	71.6	16.0	266.0	41.6	5.6	3.0	12.4	0.1

　　本书采用模糊聚类的方法,以 1961~2003 年共 43 年资料作为处理组,每年各月的降雨量作为控制参数进行聚类分析,聚类成果及见表 9-2,各定性概念云化成果见表 9-3;43 年资料可构建 40 条预测规则,见表 9-4;云化的预测规则见表 9-5。

表 9-2　降雨资料聚类成果表

定性概念	年降雨量/毫米
枯	276.4,264.5,631.5,506.2,330.3,379.7,494.0,397.6,406.5,432.9,411.3,464.5,438.8,328.2,356.0
平	608.9,750.7,488.5,774.8,611.7,723.6,677.7,560.5,532.8,515.4,596.1,579.0,673.2,625.4,612.3,517.8,500.8,705.8,362.6,751.2
丰	1067.9,957.9,760.7,796.7,925.1,727.9,878.9,866.2

表 9-3　定性概念云化成果表

模糊概念	云化参数	按月云化												按年云化
		一月	二月	三月	四月	五月	六月	七月	八月	九月	十月	十一月	十二月	
枯	Ex	3.27	4.28	13.32	17.02	36.22	50.14	117.95	85.89	35.95	32.79	7.42	3.65	407.89
	En	5.19	4.67	9.05	14.96	33.33	24.40	55.46	61.28	39.01	22.22	9.07	4.49	87.56
	He	2.77	1.35	1.23	11.33	2.71	8.94	25.06	21.54	16.38	10.30	4.25	1.76	36.22
平	Ex	7.27	9.71	24.83	33.99	54.44	59.39	157.93	122.21	69.24	39.01	14.56	7.94	600.51
	En	8.77	10.39	21.96	29.27	36.20	48.37	70.87	92.36	60.06	39.15	13.26	12.71	104.60
	He	3.65	2.53	7.46	8.10	6.05	7.28	27.17	28.43	36.11	15.31	1.83	4.22	3.65
丰	Ex	11.40	18.14	26.50	58.59	45.41	113.77	226.44	144.34	93.63	57.16	44.33	5.06	844.77
	En	6.27	10.59	22.81	46.28	39.73	72.34	88.81	66.01	79.11	53.31	23.22	7.16	89.17
	He	1.79	7.20	15.35	35.83	7.38	13.69	60.01	9.49	9.76	19.49	9.15	0.82	25.15

表 9-4　预测规则表

规则序号	前件			后件
1	1067.9	608.9	750.7	957.9(14.4,19.4,…,2.9)
2	957.9	1067.9	608.9	276.4(4.5,8.1,…,0.0)
3	276.4	957.9	1067.9	264.5(0.0,4.6,…,2.9)
…	…	…	…	…
38	878.9	438.8	751.2	328.2(20.6,14.7,…,10.0)
39	328.2	878.9	438.8	356.0(12.0,0.0,…,0.0)
40	356.0	328.2	878.9	866.2(5.1,14.4,…,12.3)

表 9-5　云化的预测规则表

规则序号	前件						后件	
	定性概念	确定度	定性概念	确定度	定性概念	确定度	定性概念	确定度
1	丰	0.0437	平	0.9968	平	0.3567	丰	0.4472(0.8917,0.9930,…,0.9556)
2	丰	0.4472	丰	0.0437	平	0.9968	枯	0.3238(0.9721,0.7156,…,0.7184)
3	枯	0.3238	丰	0.4472	丰	0.0437	枯	0.2616(0.8200,0.9977,…,0.9860)
…	…	…	…	…	…	…	…	…
38	丰	0.9292	枯	0.9396	平	0.3542	枯	0.6608(0.0038,0.0829,…,0.3686)
39	枯	0.6608	丰	0.9292	枯	0.9396	枯	0.8389(0.2422,0.6569,…,0.7184)
40	枯	0.9396	枯	0.6608	丰	0.9292	丰	0.9715(0.6033,0.9394,…,0.5992)

注:与定性概念对应的云化参数见表 9-3。

　　云化的预测建立以后即可海明距离最小原则选定规则,进行预测。本书以 2004～2013 年为试验组对模型的正确性进行验证。选取的规则见表 9-6。

表 9-6　预测规则选取成果表

预测年份	预测规则序号	后件特征	
		定性概念	确定度
2004	35	平	0.3542(0.7932,0.5312,…,0.9328)
2005	36	枯	0.9396(0.8200,0.6569,…,0.7184)
2006	9	平	0.9943(0.3099,0.9282,…,0.8347)
2007	29	枯	0.9600(0.8674,0.8839,…,0.5453)
2008	37	丰	0.9294(0.9551,0.3405,…,0.7791)
2009	21	平	0.9721(0.7092,0.6462,…,0.1182)
2010	22	枯	0.6166(0.8930,0.9782,…,0.9729)
2011	2	枯	0.3238(0.9721,0.7156,…,0.7184)
2012	22	枯	0.6166(0.8930,0.9782,…,0.9729)
2013	19	平	0.9791(0.8232,0.9290,…,0.8227)

注:与定性概念对应的云化参数见表 9-3。

　　结合表 9-6 中各预测年份所属规则,采用表 9-3 中对应的云化参数,对云数据数值化即可求得预测年份所求时段的降雨量。但由于基于云模型的预测是一种不确定性的预测,故每个单次计算结果不尽相同,本书通过多次计算,将各次计算结果的最大值、最小值、均值列入表 9-7 中(由于篇幅有限,本书仅列出年降雨量预测成果),预测值与实测值的对比见图 9-2。

表 9-7　年降雨量预测成果表

年份	2004	2005	2006	2007	2008	2009	2010	2011	2012	2013
预测最大值	913.5	718.6	621.1	633.2	802.7	725.7	615.1	572	590.4	527.3
预测最小值	660.5	550.2	595.1	596.5	668.6	646.4	437.6	385.6	420.1	403.6
预测平均值	818.1	680.7	610.1	613.2	728.6	677.1	522.8	482.8	497.8	458.7
实测值	682.4	803.5	435.9	537.6	542.8	565.1	711.7	588.9	389.7	445.5

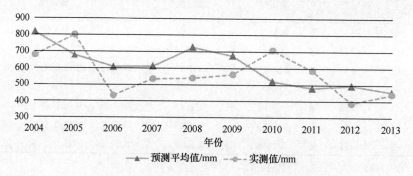

图 9-2　年降水量预测值、实测值对比情况

　　从以上结果可以看出:研究区 2004~2013 年年降雨量呈逐年减少趋势,与灌区实际情况相符;年降雨量预测平均值与实测值整体拟合较好,但对降雨量骤变的 2006 年和 2010 年,预测值与实测值差异较大。

　　为进一步检验本模型的可靠性,本书将年降雨量预测结果与文献[14]中的灰色预测和平滑预测进行对比分析,并采用预测数据与实测数据的绝对值误差和作为评判标准,即

$$\text{Err} = \sum_{i}^{n} |\hat{e}_l - e_i| \tag{9-13}$$

式中,Err 为绝对值误差和;$\hat{e}_l$ 为年降雨量预测值;e_i 为年降雨量实测值。

　　文献[14]中灰色预测和平滑预测的误差分别为 1.804、1.817,本书经过多次计算的误差平均值为 1.222,显然,基于控制论的云模型预测结果优于灰色预测等方法。

9.2　基于两种模型的区域旱情预警研究

预警是指先对某个系统进行预测,度量状态,判断演化发展趋势,并根据其预测结果,相应地采取警觉措施的过程。区域旱情预警是将预警的理论和方法应用到区域旱情领域中,建立预警模并计算和分析各种区域旱情预警状态、发展趋势,对区域旱情可能造成的危害实时报警,并采取防范措施,以保证社会经济的安全运行。

预警系统的原理是选择一组敏感指标,运用相关的数据处理方法,将多个指标合并为一个综合性的指标,通过一组类似于交通信号的红、黄、绿灯标识,用这组指标和综合指标对当时的旱情状况发出不同的信号,通过观察信号的变动情况,来判断未来旱情状况的趋势。

9.2.1　研究方法介绍

9.2.1.1　粒子群优化神经网络的干旱预测模型

1) 人工神经网络

人工神经网络(artificial neural network, ANN),是模仿大脑神经网络的结构与功能,由大量简单高度联系的信息处理单元(神经元)所组成的复杂网络计算系统。有自适应、自组织、自学习的能力,并具有较强容错性,还有强大的非线性处理和大规模的并行计算的能力。神经元是神经网络的基本处理单元,是人工神经网络的基础[143]。

图 9-3 给出了一个简单的人工神经元模型,这里 $x_1, x_2, \cdots, x_n$ 是神经元的 N 个输入,表示每个神经元的激活状态;相应的 $w_1, w_2, \cdots, w_n$ 表示与它相连的 N 个突触的连接强度,其值称为权值。将输入量分别乘上各自的权重求和后得到神经元 i 的净输入量 S_i 为

$$S_i = \sum_{j=1}^{n} w_{ij} x_{ij} \tag{9-14}$$

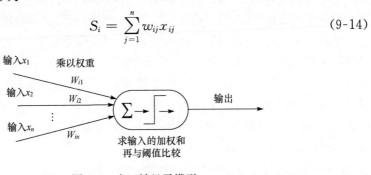

图 9-3　人工神经元模型

以净输入 S_i 与当前阈值作为自变量,再经过加权求和后映射产生神经元 i 的输出,作为下一个神经元的输入。输入和输出之间的映射关系称为转移函数(或传递函数),记 $f(\cdot)$,描述了生物神经元的非线性转移特性。

大量的神经元按不同方式连接起来,构成一个神经网络体系,即可对复杂的信息进行识别处理。这种连接的方式称为人工神经网络的拓扑结构。根据神经网络的拓扑结构和信息的传递方式,可分为前馈(feed-forward)模型和后馈(feed-back)模型。误差反传前馈网络(back propagation,简称 BP 网络)是典型的前馈网络,它是人工神经网络的精华所在,是迄今为止使用最广泛的网络模型。实践证明,如果隐含层节点可以根据需要任意设置,三层网络可以实现任意的多元非线性函数逼近[144]。

BP 网络算法本质上是以网络误差平方和为性能衡量标准,按梯度法求出误差平方和最小值的算法[145]。作为一种无反馈的前向网络,其网络中的神经元分为输入层(input layer)、输出层(output layer)及隐含层(hide layer);每一层的输出均传送到下一层,隐含层和输出层的输入由前一次神经元输出加权得到(图 9-4)。

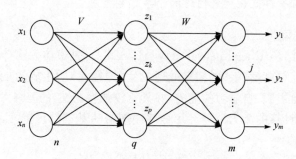

图 9-4　三层 BP 网络拓扑结构

2) 粒子群优化算法

粒子群优化算法[146](particle swarm optimization,PSO)是基于群体智能理论的一种新兴的进化算法,其具有收敛速度快、鲁棒性高、全局收缩能力强的特点,与遗传算法类似,却没有复杂的参数需要调整,更加简单有效。粒子群算法与其他进化类算法相类似,也采用"群体"与"进化"的概念,同样也是依据个体(粒子)的适应度值大小进行操作。所不同的是,粒子群算法不像其他进化算法那样对于个体使用进化算子,而是将每个个体看作是在 n 维搜索空间中的一个没有重量和体积的粒子,并在搜索空间中以一定的速度飞行。该飞行速度由个体的飞行经验和群体的飞行经验进行动态调整。

PSO 初始化为 n 维空间中的一群随机粒子(随机解)。设 $X_i = (x_{i1}, x_{i2}, \cdots, x_{in})$ 为粒子 i 的当前位置;$V_i = (v_{i1}, v_{i2}, \cdots, v_{in})$ 为粒子 i 的当前飞行速度;$P_i =$

$(p_{i1},p_{i2},\cdots,p_{in})$ 为粒子 i 所经历过的最优位置,即个体极值点;$P_g=(p_{g1},p_{g2},\cdots,$
$p_{gn})$ 则为种群中所有粒子经历过的最优位置,即全局最优值点。有了以上定义,粒子群算法的进化方程可以写描述为

$$v_{ij}(t+1)=wv_{ij}(t)+c_1r_1(p_{ij}(t)-x_{ij}(t))+c_2r_2(p_{gj}(t)-x_{ij}(t)) \quad (9-15)$$

$$x_{ij}(t+1)=x_{ij}(t)+v_{ij}(t+1) \quad (9-16)$$

式中,i 表示第 i 个粒子$(i=1,2,\cdots,s)$,s 为种群规模;j 表示粒子的第 j 维;w 为惯性权值,它使粒子保持运动惯性,起着调整算法全局和局部收缩能力的作用,研究表明较大的 w 值有利于跳出局部极小点,而较小的 w 值有利于算法收敛;t 为当前进化代数;r_1 和 r_2 为分布在$(0,1)$的随机数;c_1 和 c_2 为加速常数,分别调节向个体最好粒子和全局最好粒子方向飞行的最大步长,通常取值为 1.8 或 2;粒子的飞行速度通常限定于一定的范围,即 $v_{ij}\in[-v_{\max},v_{\max}]$,若 $v_{\max}$ 太大,粒子将飞离最好解,太小则会陷入局部最优。

粒子的迭代中止条件一般为达到最大迭代次数或粒子群搜索到的全局最优值满足预定的适应阈值。

3) 基于 PSO 的 BP 神经网络模型

PSO-BP 模型的建立分为 BP 神经网络结构确定、PSO 优化 BP 神经网络和神经网络预测三个部分。其中,BP 神经网络结构根据拟合函数输入输出参数的个数来确定,进而确定 PSO 粒子的维数。假设网络中包含 M 个权值和阈值,则粒子的维数就是神经网络中权值和阈值的个数,即 $\text{Indv}=\{x_1,x_2,\cdots,x_M\}$。此时个体结构中的每一个元素,即代表神经网络的一个权值或阈值。根据粒子群规模,按照上述个体结构随机产生一定数目的个体组成种群,其中不同的个体代表神经网络的一组不同权值和阈值,同时初始化个体极值点和全局最优值点。将粒子群中每一个体的分量映射为网络中的权值或阈值,从而构成不同的神经网络,作为 PSO 算法的初始解集。对每一个体相对应的网络输入训练样本进行训练。计算每一个网络上产生的训练结果与实际数据的均方误差 $E(X)$ 来衡量每个粒子的适应度。则适应度函数定义如下:

$$\text{fitness}(X)=\frac{1}{1+E(X)} \quad (9-17)$$

比较粒子群中所有个体的当前适应度值,从中找到最优个体来更新个体极值和全局最优值,并以此来更新不同分量上的粒子飞行速度,产生新的个体。当训练误差达到规定的误差标准或达到最大迭代次数时,算法终止。将 PSO 算法得到的最优个体对神经网络初始权值和阈值赋值,即可进行网络训练学习,预测网络输出。

用 PSO 优化 BP 神经网络算法流程如图 9-5 所示。

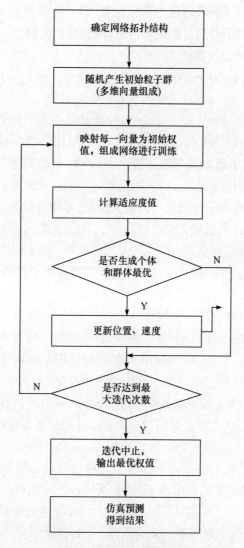

图 9-5 PSO-BP 算法流程

9.2.1.2 灰色 GM(1,1) 干旱预测模型

灰色系统理论[148]是我国著名学者邓聚龙教授在 20 世纪 80 年代初提出的,以"部分信息已知,部分信息未知"的不确定性系统作为研究对象,并通过已知信息生成、开发、提取有价值的信息,从而实现对系统运行的行为与演化规律正确的描述并进行有效的控制。灰色系统建模是灰色系统量化分析的主要内容。GM(1,1)模型是灰色系统预测模型的核心,由于它是用单个变量进行预测的一阶微分方程,

所以记为 GM(1,1)，具体的建模过程如下：

GM(1,1)模型建模首先将一组规律性不强的离散数列采用累加生成的方法变换为近似按指数规律变化的序列，一般只做一次累加。

(1) 设给定的原始时间序列为 $x^{(0)}=\{x^{(0)}(1),x^{(0)}(2),\cdots,x^{(0)}(n)\}$，对此数列做一次累加，生成新的时间序列为 $x^{(1)}=\{x^{(1)}(1),x^{(1)}(2),\cdots,x^{(1)}(n)\}$，则 GM(1,1)模型相应的微分方程为

$$\frac{\mathrm{d}x^{(1)}}{\mathrm{d}t}+ax^{(1)}=b \tag{9-18}$$

式中，a 为发展灰数；b 为内生控制灰数。

(2) 设 $\hat{a}$ 为待估参数向量，$\hat{a}=\left(\dfrac{a}{b}\right)$，可利用最小二乘法求解。解得

$$\hat{a}=(B^{\mathrm{T}}B)^{-1}B^{\mathrm{T}}Y_n$$

其中

$$B=\begin{bmatrix} -\dfrac{1}{2}\big[x^{(1)}(1)+x^{(1)}(2)\big] & 1 \\ -\dfrac{1}{2}\big[x^{(1)}(2)+x^{(1)}(3)\big] & 1 \\ \vdots & \vdots \\ -\dfrac{1}{2}\big[x^{(1)}(n-1)+x^{1}(n)\big] & 1 \end{bmatrix}, \quad Y_n=\begin{bmatrix} x^{(0)}(2) \\ x^{(0)}(3) \\ \vdots \\ x^{(0)}(n) \end{bmatrix}$$

求解微分方程，得预测模型为

$$\hat{x}^{(1)}(k+1)=\left(x^{(0)}(1)-\frac{b}{a}\right)\mathrm{e}^{-ak}+\frac{b}{a}, \quad k=0,1,2,\cdots,n \tag{9-19}$$

累减还原得

$$\hat{x}^{(0)}(k+1)=\hat{x}^{(1)}(k+1)-\hat{x}^{(1)}(k), \quad k=0,1,2,\cdots,n \tag{9-20}$$

即有

$$\hat{x}^{(0)}(k+1)=\mathrm{e}^{-ak}(1-\mathrm{e}^{a})\left[x^{(0)}(1)-\frac{b}{a}\right] \tag{9-21}$$

(3) 模型检验。

① 残差检验。

残差：

$$\Delta(k)=x^{(0)}(k)-\hat{x}^{(0)}(k) \tag{9-22}$$

相对误差：

$$\varepsilon(k)=\frac{x^{(0)}(k)-\hat{x}^{(0)}(k)}{x^{(0)}(k)}\times100\% \tag{9-23}$$

平均残差：

$$\bar{\varepsilon} = \frac{1}{n-1}\sum_{k=2}^{n}|\varepsilon(k)| \tag{9-24}$$

GM(1,1)的建模精度：

$$p = 1 - \bar{\varepsilon} \tag{9-25}$$

式中，$x^{(0)}(k)$ 为原始数据列，$\hat{x}^{(0)}(k)$ 是预测数据列。$\varepsilon(k)$ 越小越好，p 是越大越好，一般要求 $\varepsilon(k) < 20\%$，$p > 80\%$；最优情况是 $\varepsilon(k) < 10\%$，$p > 90\%$。

② 后验差检验。

后验差比值：

$$C = S_2 - S_1 \tag{9-26}$$

式中，S_1 为数列 $x^{(0)}(k)$ 的均方差；S_2 为残差序列 $\{\Delta(k)\}$ 的均方差；C 值越小，模型越好。

小误差概率：

$$p = p\{|\Delta(k) - \bar{\Delta}| < 0.6745S_1\} \tag{9-27}$$

落入区间 $[\bar{\Delta} - 0.6745S_1, \bar{\Delta} + 0.6745S_1]$ 的 $\Delta(k)$ 的频率越大越好，精度等级划分依据表 9-8。

表 9-8　检验指标等级标准

模型等级	小误差概率 p	后验差比值 C
1 级(好)	＞0.95	＜0.35
2 级(合格)	＞0.85	＜0.50
3 级(勉强)	＞0.70	＜0.65
4 级(不合格)	≤0.70	≥0.65

9.2.2　实例分析

由于河南省干旱受降水量影响较大，降水量过少会影响农作物的正常生长，此次干旱预测主要进行降水量预测，并划分干旱等级，当出现旱情时可以采取合适的灌溉和保护措施，使其对农业影响降到最低。本书选取豫中、豫北、豫西、豫南和豫东地区的郑州、安阳、三门峡、商丘、信阳五个城市，使用五个站点 1961～2013 年 53 年的年均降水量资料对 2014～2023 年 10 年的降水量进行预测，并划分干旱等级，确定旱情警度。

9.2.2.1　粒子群优化神经网络的干旱预测模型

对豫中、豫北、豫西、豫南和豫东地区五个市进行降水量预测，用 Matlab 建立降水量预测的粒子群优化神经网络模型，对各地区降水量变化规律进行模拟和预测，为合理利用水资源提供参考依据。首先以郑州市为例，建立模型并进行预测。

1) 输入输出样本对的确定

用神经网络对降水量进行模拟和预测时,必须首先确定网络的输入、输出样本对,即网络的输入层和输出层的节点数,可以采用前 i 个时间点值来预测第 $i+1$ 个时间点值得方法,利用 SPSS 软件,进行相关性分析,达到显著性水平($\alpha=0.05$)的当年降水量与前 5 年的降水量数据有关,如图 9-6 所示,选择前 5 年的降水量资料作为网络的输入,当年的降水量资料为网络输出,将郑州市 53 年的降水量实测资料生成 48 个样本对。

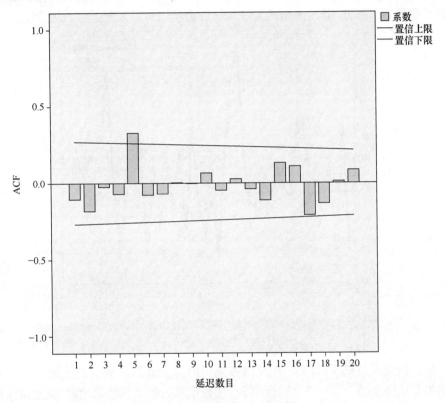

图 9-6　降水序列自相关图

2) 网络结构的确定

本章降水量预测的 PSO-BP 神经网络的输入层节点数为 5,输出层节点数为 1。理论分析证明,三层神经网络可以实现任意多元非线性函数逼近,因此隐含层层数定为 1 层,假设网络的隐含层节点数为 q,则 BP 网络结构为 $5-q-1$,所以网络共有 $5q+q$ 个权值及 $q+1$ 个阈值,粒子维数 $n=5q+q+q+1$。对网络模型参数按照表进行设置,根据前述的模型算法,用前 43 年的降水量资料对网络进行反复训练,用后 5 年的降水量资料进行检验,见表 9-9。

表 9-9　PSO-BP 网络模型参数设置

学习速率 lr	误差精度 e	种群规模 s	进化代数 t	惯性权值 w	学习因子 c_1, c_2	粒子变异概率 p
0.1	0.0001	40	100	0.9 线性递减至 0.3	$c_1 = c_2 = 1.8$	0.1

　　为了得到最优的神经网络,对隐含层节点数进行试算,比较不同隐含层节点数的网络模型的相对精度。可以得出当隐含层节点数为 9 时,网络的相对精度最高,网络性能最好。因此,确定网络的拓扑结构应为(5-9-1),则粒子维数为 64。

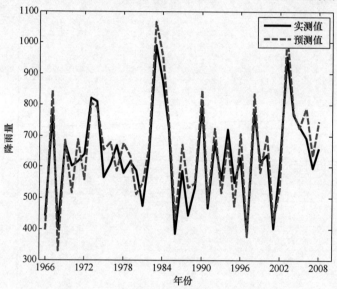

图 9-7　降水量 PSO-BP 神经网络模型拟合曲线(1961~2008)

3) PSO-BP 神经网络精度检验

　　根据所建立好的 PSO-BP 神经网络模型的拟合数据检验拟合效果(图 9-7),并用未参加建模的 2009~2013 年的降水量数据来进行试报效果检验,试报拟合曲线如图 9-8 所示,模型误差见表 9-10。

表 9-10　模型误差计算

年份	预报值	前期平均	趋势	实际值	误差	误差百分比
2009	810	641.07	偏多	762.5	47.5	6.23%
2010	543	643.55	偏少	600.3	−57.3	−9.55%
2011	688	642.69	偏多	706.5	−18.5	−2.62%
2012	539	643.94	偏少	498.7	40.3	8.08%
2013	389	641.14	偏少	343.5	34.5	9.73%

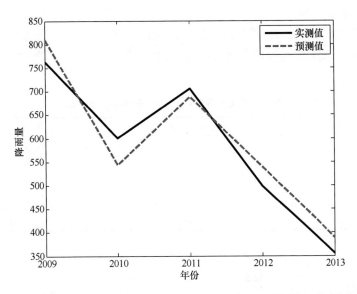

图 9-8　郑州市 2009～2013 年降水量 PSO-BP 神经网络模拟预测曲线

分析表 9-10 可得出，预测误差百分比在 10％以内，趋势预测准确率为 100％，模型精度可用于实践。

4）干旱预警

通过训练和模型精度检验，用上述模型预测 2014～2023 年的年降水量，降水量预测值以及预测曲线如表 9-11 所示。

表 9-11　郑州市 2014～2023 年降水量 PSO-BP 神经网络模型预测值

年份	2014	2015	2016	2017	2018	2019	2020	2021	2022	2023
降水量	483.1	502.3	606.4	834.8	578.9	723.6	419.5	736.1	801.3	679.8

从上表可以看出：郑州地区近 10 年的降水量总体变化不大。根据降水距平百分率计算公式(9-28)，计算出各年的降水距平，并根据表 9-12 划分干旱等级。

$$Pa = \frac{p - \bar{p}}{\bar{p}} \times 100\% \tag{9-28}$$

式中，p 为某月的降水量；$\bar{p}$ 为该月多年平均降水量。

用预警指标进行区域干旱程度预警时，根据国家规定和技术标准，综合抗旱经验及专家意见，结合灾情严重程度，将干旱分为特大干旱（Ⅰ级）、重旱（Ⅱ级）、中旱（Ⅲ级）和轻旱（Ⅳ级），分别用红色、橙色、黄色以及蓝色进行表示[149,52]。轻旱指降水量比常年偏少且地表空气干燥，对农作物的生长有影响；中旱指的是降水持续少于正常年份，土壤的水分偏少，植物出现枯萎现象，对农业有一定程度的影响；重旱指的是土壤水分发生严重不足，水田脱水，果实掉落，对农业、工业等造成影响；特旱指的是，农作物生长发育受损严重，农作物出现死苗，旱情严重爆发。

降水距平百分率划分的国家标准和农业干旱预警的预警警度，如表 9-12、表 9-13 所示。

表 9-12　年降水量距平百分率干旱等级划分表

等级	干旱类型	Pa/%
1	无旱	Pa＞−15
2	轻旱	−30＜Pa≤−15
3	中旱	−40＜Pa≤−30
4	重旱	−45＜Pa≤−40
5	特旱	Pa≤−45

表 9-13　旱情警度划分表

干旱类型	预警指标 Pa/%	警度	信号
无旱	Pa＞−15	无警	绿灯
轻旱	−30＜Pa≤−15	轻警	蓝灯
中旱	−40＜Pa≤−30	中警	黄灯
重旱	−45＜Pa≤−40	重警	橙灯
特旱	Pa≤−45	特警	红灯

根据表的郑州地区 2014～2023 年的降水量预测，结合表干旱程度和预警警度划分，最终确定基于 PSO-BP 神经网络的郑州地区未来 10 年的干旱警情，具体参见表 9-14。

表 9-14　郑州市 2014～2023 年警情预报

年份	降水量	降水距平	类型	警度	信号
2014	483.1	−0.2367	轻旱	轻警	蓝灯
2015	502.3	−0.2034	轻旱	轻警	蓝灯
2016	606.4	−0.0376	无旱	无警	绿灯
2017	834.8	0.3174	无旱	无警	绿灯
2018	578.9	−0.0851	无旱	无警	绿灯
2019	723.6	0.1408	无旱	无警	绿灯
2020	419.5	−0.3349	中旱	中警	黄灯
2021	736.1	0.1639	无旱	无警	绿灯
2022	505.5	−0.1981	轻旱	轻警	蓝灯
2023	679.8	0.0691	无旱	无警	绿灯

根据同样的方法求出安阳、三门峡、商丘、信阳的降水量预测值,并算出降水距平百分率与对应的警情信号,此处不再列出。

9.2.2.2　基于灰色 GM(1,1)预测模型的干旱预测

首先以郑州市为例,用灰色 GM(1,1)预测模型进行干旱预测,利用 1961～2013 年多年降水量系列值,用公式计算出各年的降水距平百分率,并根据表的干旱划分等级确定干旱年阈值。表 9-15 为干旱的年份序列表,由于郑州市出现重旱和特旱的年份较少,此处不做重旱和特旱预报。

表 9-15　1961～2013 年出现干旱的干旱年份序列表

状态	年份序列
轻旱	1981、1989、1991、2012
中旱	1965、1966、1968、1988、2001
重旱	1997
特旱	2013

用最小二乘法求出灰色微分方程的参数 a,b,并求出微分方程的时间相应方程,如表 9-16 所示,模型检验分为残差检验、关联度检验和后验差检验。相对误差小于 10%,关联度不低于 0.6,且后验差满足表 9-8 要求,所以模型合格,可进行预测。

表 9-16　预测模型及模型统计检验

状态	$\hat{x}^{(0)}(k+1)$模型	平均相对误差	关联度	后验差检验		综合评价
				概率 P	方差比 C	
轻旱	$\hat{x}^{(0)}(k+1)=15.2416e^{0.3331k}$	9.7	0.68	1	0.14	良
中旱	$\hat{x}^{(0)}(k+1)=9.5281e^{0.2822k}$	8.8	0.71	1	0.16	优

模型预测:利用模型对郑州市未来 10 年的干旱年进行预测,结果表明:郑州市将在 2015 年、2020 年、2022 年发生轻度干旱,2019 年发生中度干旱。

根据干旱预测模型的预测值,根据旱情警度划分,进行干旱预警,警度划分表如下,则郑州市未来 10 年的警情预报为表 9-17。

表 9-17　郑州市 2014～2023 年警情预报

年份	类型	警度	信号
2014	正常	无警	绿灯
2015	轻旱	轻警	蓝灯

续表

年份	类型	警度	信号
2016	正常	无警	绿灯
2017	正常	无警	绿灯
2018	正常	无警	绿灯
2019	中旱	中警	黄灯
2020	轻旱	轻警	蓝灯
2021	正常	无警	绿灯
2022	轻旱	轻警	蓝灯
2023	正常	无警	绿灯

根据同样的方法求出安阳、三门峡、商丘、信阳的降水量预测值,并算出降水距平百分率与对应的警情信号,此处不再列出。

9.2.2.3　综合预测分析

综合两种预测方法,规定当两个预测结果相差一个等级时,两种结果均可用,若相差等级大于一,则预测无效,根据两种方法的计算结果,表 9-18～表 9-22 为郑州、安阳、三门峡、商丘、信阳等 5 个市的 10 年干旱预警综合分析结果。

表 9-18　郑州市干旱预警综合分析表

年份	PSO-BP	GM(1,1)	综合
2014	轻警	无警	轻警或无警
2015	轻警	轻警	轻警
2016	无警	无警	无警
2017	无警	无警	无警
2018	无警	无警	无警
2019	无警	中警	结果无效
2020	中警	轻警	轻警或中警
2021	无警	无警	无警
2022	轻警	轻警	轻警
2023	无警	无警	无警

表 9-19　安阳市干旱预警综合分析表

年份	PSO-BP	GM(1,1)	综合
2014	轻警	中警	轻警或中警
2015	无警	无警	无警
2016	中警	中警	中警
2017	无警	无警	无警
2018	无警	无警	无警
2019	无警	无警	无警
2020	轻警	轻警	轻警
2021	无警	无警	无警
2022	重警	中警	中警或重警
2023	无警	无警	无警

表 9-20　三门峡市干旱预警综合分析表

年份	PSO-BP	GM(1,1)	综合
2014	轻警	轻警	轻警
2015	无警	无警	无警
2016	无警	无警	无警
2017	无警	无警	无警
2018	无警	无警	无警
2019	无警	中警	结果无效
2020	无警	无警	无警
2021	轻警	中警	轻警或中警
2022	轻警	轻警	轻警
2023	无警	无警	无警

表 9-21　商丘市干旱预警综合分析表

年份	PSO-BP	GM(1,1)	综合
2014	无警	无警	无警
2015	轻警	重警	结果无效
2016	无警	无警	无警
2017	轻警	中警	轻警或中警
2018	无警	无警	无警
2019	无警	无警	无

年份	PSO-BP	GM(1,1)	综合
2020	轻警	轻警	轻警
2021	无警	无警	无警
2022	无警	无警	无警
2023	轻警	无警	无警或轻警

表 9-22　信阳市干旱预警综合分析表

年份	PSO-BP	GM(1,1)	综合
2014	无警	无警	无警
2015	无警	无警	无警
2016	轻警	无警	无警或轻警
2017	无警	无警	无警
2018	轻警	轻警	轻警
2019	无警	无警	无警
2020	无警	无警	无警
2021	无警	无警	无警
2022	轻警	轻警	轻警
2023	无警	无警	无警

　　无警说明区域内供水充足,可以提供正常农业生产以及生活用水,地表湿润,此状态下水资源能满足日常需水,此时,应注意水资源的有效管理和合理利用,并加强水资源污染防治工作。

　　轻警,信号灯显示蓝色,此时生产生活用水基本能得到保障,但水资源不能达到平衡,还满足不了灌溉的需求,会造成部分地区农业减产,此时应当充分利用河网的蓄水,雨水充足时应适当地进行拦蓄。

　　中警状态下说明水资源的供需已经很紧张,应当紧密关注旱情发生的变化情况,及时采取合理的措施来预防干旱进一步恶化,此时应加大水资源的管理力度,提倡节水,限制工业用水以满足生活和农业用水需求。

　　重警和特警状态下,说明年降水量严重不足,地下水位发生明显下降,此时应当充分利用与水资源,实施人工降雨,流域联合调度,限量供水等措施来抵抗干旱[150]。

　　以上为河南省豫中、豫北、豫西、豫东和豫南地区的郑州、安阳、三门峡、商丘、信阳等 5 个城市的基于降水量的干旱预警综合结果,预测结果可以为当地充分利用降水资源、制定合理的灌溉制度、提高灌溉管理水平提供依据。

9.3　本章小结

　　基于控制论的云模型能够实现定性概念与定量概念的不确定性转换。本章构建了用于中长期降雨预测的云模型,一定程度上解决了降雨时程分配中的随机不确定性和模糊不确定性等问题,并通过在河南渠村引黄灌区中的应用,进一步验证了模型的可靠性。下一步将考虑建立综合气象、水文、气候变化等因素的多维云模型和条件云模型,改善云模型对极端降雨预测结果不够理想的情况,进一步提高云模型对中长期降雨预测的可靠性。

　　本章构建了干旱预警的粒子群优化神经网络模型和灰色 GM(1,1)模型这两个模型。选取豫中、豫北、豫西、豫东和豫南地区的郑州、安阳、三门峡、商丘、信阳等 5 个城市,使用这 5 个站点 1961~2013 年 53 年的年均降水量资料通过两种模型分别对 2014~2023 年 10 年的降水量进行预测,并将两种预报方法的结果相结合,划分干旱等级,确定旱情警度,并说明各个警度出现时的措施,为干旱风险管理提供数据依据和理论指导。

第 10 章 结 论

《国家粮食安全中长期规划纲要(2008—2020 年)》中指出:"近年来我国自然灾害严重,不利气象因素较多,北方地区降水持续偏少,干旱化趋势严重。受全球气候变暖影响,我国旱涝灾害特别是干旱缺水状况呈加重趋势,可能会给农业生产带来诸多不利影响,将对我国中长期粮食安全构成极大威胁"。河南省是全国粮食生产核心区,区内有郑州、开封、新乡、濮阳、商丘等大中城市,同时还有全国大型油田之一的中原油田,是河南省主要的工业基地,因此干旱对其经济和社会发展影响巨大。本研究通过应用水文学、灾害学及统计学等原理,采用数值模拟计算、最大熵方法、Copula 函数法、可变模糊综合评价法、突变评价法、数据挖掘技术、粒子群优化神经网络法等方法以及它们之间的相互融合技术,开展了干旱时空特征分析、农业旱灾演变规律及成灾机理分析、农业干旱频率分析、农业干旱脆弱性分析、粮食产量风险评价、农业旱灾风险评估、农业干旱预警等方面的研究,取得了一些有价值的成果,主要体现在以下几个方面:

(1) 基于该地区 17 个气象站点 1961~2011 年逐月和年均降水量资料,计算了降水量距平百分率(Pa)和 Z 指数并进行干旱等级的划分和统计,对河南在研究期内的干旱空间和时间特征作出了分析,两种指数对干旱的分析较为一致,均可应用于实践。

(2) 通过对河南省特定的自然地理特征、历史资料进行分析,总结出:

① 河南省农业干旱的发生特点为:季节性明显,冬季和春季降雨量最少,夏季降雨最多;发生的频率高、受灾面积比大,旱涝时常交替发生;干旱发生的地域性特征较为明显,豫北、豫西旱灾严重、豫东次之,豫南最小;海河流域、黄河流域旱灾最为严重,淮河流域次之,长江流域最小。

② 河南省农业干旱的孕灾环境比较复杂,主要的致灾因子包括地形地貌复杂、土壤种类多样、降水时空分布不均、灌溉能力差、水资源利用效率不高。由于种植结构和人类活动的影响,承灾体脆弱性比较大,因此干旱风险较大。

(3) 通过对河南省特定的自然地理特征、历史资料进行分析,总结出:

① 鉴于以往常用方法存在的问题,本研究提出了利用最大熵方法构建干旱度的分布函数,该方法可推导出农业干旱度概率分布函数,给出明确的函数解析式。此方法产生概率密度函数的精度取决于样本容量及其上下界值的选定。通过蒙特卡罗法对降水的概率分布及其统计参数进行模拟,则可得到任意大样本容量的干旱度指标,从而使结果满足精度要求。该方法便于计算某个干旱度区间的概率,在

单个区域干旱度评价及对不同区域之间的干旱程度定量比较方面,在农业干旱度研究方面具有较好的推广应用价值。

② 以濮阳渠村灌区玉米种植为例,对作物生育阶段降雨量进行分期划分。首先,拟合各生育阶段降雨量分布函数,然后,选用 Archimedean Copula 函数构造相邻生育阶段降雨量的联合分布,计算出相邻生育周期降雨量的组合概率与组合重现期,系统地描述了区域农业干旱演变规律。结果表明,联合分布考虑了相邻生育阶段降雨量之间的多种组合,并求出了后一生长阶段在前一生育阶段降雨量条件下的条件概率,因此,能够更全面地反映区域农业干旱的特征,可为区域内农业干旱分析和水资源调度提供科学依据。

(4) 农业旱灾的形成是降水不足或不均与农业生产系统脆弱性共同作用的结果。本研究从旱灾成因机理出发,综合运用灾害系统理论、可变模糊集理论,构建基于机理的河南省农业旱灾脆弱性评价模型,并并采用组合赋权法对河南省 18 个地区农业旱灾脆弱性进行评估,计算结果基本符合实际,本量化评价方法不仅能计算出各地区旱灾脆弱程度而且能够反映承灾主体在灾害发生发展过程中的作用,从而可为管控地区农业旱灾风险提供技术支持。

(5) 利用突变理论在多目标决策上的优点,将突变理论与综合评价结合起来,对河南省农业干旱风险及粮食产量风险进行评价。

① 考虑到农业干旱风险评价的模糊性和不确定性,构建了河南省农业干旱风险评价指标体系,并将改进的突变理论应用于河南省农业干旱风险评价中。此方法根据指标在归一公式本身中的内在矛盾地位和机制确定权重,并对复杂的目标进行多层次指标分解,再利用归一公式进行递归运算,最后可求出顶层的突变评价值,从而确定评价结果。改进的突变评价法计算方便、快捷,但是在某些方面还存在一些问题,如不同指标之间相互关系的重要性确定问题,"互补"与"非互补"原则的使用问题等,需要进行更深入的研究。

② 根据河南省粮食生产系统特性构建粮食产量评价指标体系,并通过构建拟合函数对突变综合评价值进行转换,克服了常规突变评价法使评价值过高,评价值之间差距过小的缺陷。该方法对河南省粮食产量风险评价结果表明,该方法不仅减少了目前评价方法中权重确定存在的主观性,而且可以根据综合评价值将待评价的粮食产量风险等级进行分类、排序,以便制定针对性的应急预案。

(6) 根据风险评价指标选取的基本原则,选取出 14 个影响农业干旱风险的指标,确定了风险评价的指标体系,并利用层次分析法和变异系数法确定各指标的综合权重。首先进行单因子评价,分析个单因子条件下河南省各市的干旱风险情况,然后根据单因子值并考虑权重,计算出农业干旱综合评价值,绘制出风险区划图。评价结果表明,河南省北部和西部部分地区干旱风险较高,包括安阳、濮阳、鹤壁、济源、焦作、三门峡等地市干旱风险较大,处于高风险区,河南省中部部分地区和东部部分地区,主要包括平顶山、许昌、漯河、开封、商丘等地市地区处于中风险区,豫南地区的信阳、驻马店地区干旱风险较低。

(7) 通过对自然灾害风险理论的系统研究,结合农业干旱灾害的概念和特征,将灾害系统理论运用到农业干旱灾害风险评估中,提出了一种基于灾害系统理论的农业干旱灾害风险分析方法。该方法认为,农业干旱灾害风险是旱灾致灾因子危险性和承灾体脆弱性相互作用的结果,致灾因子危险性通过承灾体脆弱性的转换,最终形成农业干旱灾害风险。运用该方法对河南省农业旱灾风险进行评估,结果表明,从区域角度看,河南省西部、北部地区农业旱灾风险较低,东部、南部地区较高。最后,通过对评价结果与粮食生产情况做相关性分析表明,2011 年河南省农业旱灾风险评估值与粮食增产指数之间有较好的相关性,评价结果与河南省2011 年旱灾情势基本相符。这也进一步说明,基于灾害系统理论的农业旱灾风险评估方法具有一定的可靠性。

(8) 在农业干旱预报方面,干旱的预测一直是个世界性的难题,本章分别进行了降雨预报和旱情预警研究,主要结论有:

① 基于控制论的云模型能够实现定性概念与定量概念的不确定性转换。本章构建了用于中长期降雨预测的云模型,一定程度上解决了降雨时程分配中的随机不确定性和模糊不确定性等问题,并通过在河南渠村引黄灌区中的应用,进一步验证了模型的可靠性。下一步将考虑建立综合气象、水文、气候变化等因素的多维云模型和条件云模型,改善云模型对极端降雨预测结果不够理想的情况,进一步提高云模型对中长期降雨预测的可靠性。

② 构建了 PSO-BP 神经网络模型和灰色 GM(1,1)两种干旱预测模型,选取豫中、豫北、豫西、豫东和豫南地区的郑州、安阳、三门峡、商丘、信阳等 5 个城市,使用这 5 个站点 1961～2013 年 53 年的年均降水量资料通过两种模型分别对2014～2023 年 10 年的降水量进行预测,并将两种预报方法的结果相结合,划分干旱等级,确定旱情警度,并提出抗旱对策和建议。

参 考 文 献

［1］陈晓楠,段春青,刘昌明,等.基于两层土壤计算模式的农业干旱风险评估模型［J］.农业工程学报,2009,25(9):51-55.

［2］ZHANG Q,XIAO M Z,SINGH V P,et,al. Regionalization and spatial changing properties of droughts across the PearlRiver basin,China［J］. Journal of Hydrology,2012:355-366.

［3］翁白莎,严登华.变化环境下中国干旱综合应对措施探讨［J］.资源科学,2010,32(2):309-316.

［4］国家防汛抗旱总指挥部,中华人民共和国水利部.中国水旱灾害公报(2012)［M］.北京:中国水利水电出版社,2013.

［5］费振宇.区域农业旱灾风险评估研究［D］.合肥:合肥工业大学,2014.

［6］和吉.区域农业干旱风险分析及对策研究——以渠村灌区为例［D］.西安:西北农林科技大学,2015.

［7］张功瑾.河南省农业干旱特征分析及风险评价［D］.郑州:华北水利水电大学,2013.

［8］ABBE C. Drought［J］. Monthly Weather Review,1894,22:323-324.

［9］WMO. Report on Drought and Countries Affected by Drought During 1974-1985［R］. Geneva:WMO,1986.

［10］UNISRD. Living with Risk:An Integrated Approach to Reducing Societal Vulnerability to Drought［R］. ISDR Ad Hoc Discussion Group on Drought,2003.

［11］MISHRA A K,SINGH V P. A review of drought concepts［J］. Journal of Hydrology,2010,391(1):202-216.

［12］Society American-Meteorological. Statement on meteorological drought［Z］. Bull Am Meteorol Soc,2004:771-773.

［13］陈继祖.河南省区域干旱灾害风险评估［D］.郑州:郑州大学,2010.

［14］陈晓楠.农业干旱灾害风险管理理论与技术［D］.西安:西安理工大学,2008.

［15］唐明.旱灾风险分析的理论探讨［J］.中国防汛抗旱,2008,2(1):41-43.

［16］屈艳萍.旱灾风险定量评估总体框架及其关键技术［J］.水科学进展,2014,25(2):297-304.

［17］金菊良.旱灾风险评估的初步理论框架［J］.灾害学,2014,29(3):1-10.

［18］丘宝剑.农业气候条件及其指标［M］.北京:测绘出版社,1990:94.

［19］董振国.作物层温度与土壤水分的关系［J］.科学通报,1986,31(8):608-610.

［20］SHAFER B A,DEZMAN L E. Development of a Surface Water Supply Index (SWSI) to assess the severity of drought conditions in snowpack runoff areas［C］//Proceedings of the Western Snow Conference. 1982,50:164-175.

［21］MG Morgan,M Henrion. Uncertainty:A guide to dealing with uncertainty in quantitative risk and policy analysis［M］. Cambridge:Cambridge University Press,1993:347.

［22］PETAK W,ATKISSON A A. Natural Hazard Risk Assessment and Public Policy:Anticipating the Unexpected［M］. New York:Pringer-Verlag New York,1982.

［23］联合国国际减灾战略机构.2009减轻灾害风险全球评估报告——气候变化中的风险和贫困

　　　　[R]. 北京：中国社会出版社，2010.

[24] MASKREY A. Disaster mitigation A Community based approach[M]. Oxford：Oxam，1989.

[25] 任鲁川. 灾害损失等级划分的模糊灾度判别法[J]. 自然灾害学报，1996，5(3)：13-17.

[26] 史培军. 再论灾害研究的理论与实践[J]. 自然灾害学报，1996，5(4)：8-19.

[27] 史培军. 三论灾害研究的理论与实践[J]. 自然灾害学报，2002，11(3)：1-9.

[28] 史培军. 四论灾害系统研究的理论与实践[J]. 自然灾害学报，2005，14(6)：1-7.

[29] 史培军. 五论灾害系统研究的理论与实践[J]. 自然灾害学报，2009，18(5)：1-9.

[30] 黄崇福. 自然灾害风险分析的基本原理[J]. 自然灾害学报，1999，8(2)：21-30.

[31] 黄崇福. 综合风险管理的梯形架构[J]. 自然灾害学报，2005，14(6)：12-18.

[32] 张继权，冈田宪夫，多多纳裕一. 综合自然灾害风险管理——全面整合的模式与中国的战略选择[J]. 自然灾害学报，2006，15(1)：29-37.

[33] 王文圣，金菊良，李跃清. 基于集对分析的自然灾害风险度综合评价研究[J]. 四川大学学报（工程科学版），2009，41(6)：9-15.

[34] 孙仲益，张继权，王春乙，等. 基于网格 GIS 的安徽省旱涝组合风险区划[J]. 灾害学，2013，28(1)：76-80,89.

[35] 尹占娥，许世远. 城市自然灾害风险评估研究[M]. 北京：科学出版社，2012.

[36] MZT 031-2012. 自然灾害风险分级方法 [S].

[37] 李红，周波. 基于 FME 的中国大陆重大自然灾害风险等级评价[J]. 深圳大学学报（理工版），2012，29(1)：22-28.

[38] 邹乐乐，金菊良，周玉良. 基于遗传模糊层次分析法的水库诱发地震综合风险评价指标体系筛选模型[J]. 地震地质，2010，32(4)：98-107.

[39] RICHTER G M，SEMENOV M. A Modeling impacts of climate change on wheat yields in England and Wales：assessing drough t risks [J]. Agricultural Systems，2005，84：77-97.

[40] HUTH N I，CARBERRY P S. Managing drought risk in eucalypt seed ling establishment：An analysis using experiment and model [J]. Forest Ecology and Management，2008，255：3307-3317.

[41] SHAM S，BEHRAWAN H. Drought risk assessment in the western part of Bangladesh[J]. NatHazards，2008，46：391- 413.

[42] 邱林，陈晓楠，段春青，等. 农业干旱程度评估指标的量化分析[J]. 灌溉排水学报，2004，23(3)：34-37.

[43] 薛昌颖，霍治国，李世奎. 北方冬小麦干旱灾损失风险区划[J]. 自然灾害学报，2003，12(1)：131-139.

[44] 姜逢清，朱诚. 新疆 1950-1997 年水旱灾害统计分析与分形特征[J]. 自然灾害学报，2002，11(4)：96-100.

[45] 陈晓楠. 农业干旱风险分析及对策[D]. 郑州：华北水利水电学院. 2005：7-14.

[46] 任鲁川. 自然灾害综合区划的基本类别及定量方法[J]. 自然灾害学报，1999，8(4)：41-48.

[47] PAULO A A，PEREIRA L S. Prediction of SPI drought class transitions using Markov chains[J]. Water resources management，2007，21(10)：1813-1827.

［48］KUMAR V. An early warning system for agricultural drought in an arid region using limited data[J]. Journal of arid environments,1998,40(2):199-209.

［49］章大全,张璐,杨杰,等. 近50年中国降水及温度变化在干旱形成中的影响[J]. 物理学报, 2010,(1):655-663.

［50］杨建伟. 灰色理论在干旱预测中的应用[J]. 水文,2009,(2):50-51.

［51］席北风,贾香凤,武书龙. 干旱预警指标探讨[J]. 山西气象,2006,(2):15-16.

［52］李凤霞,伏洋,张国胜,等. 青海省干旱预警服务系统设计与建立[J]. 干旱地区农业研究, 2004,22(1):1-5.

［53］杨永生. 粤北地区干旱监测及预警方法研究[J]. 干旱环境监测,2007,21(2):79-82.

［54］熊见红. 长沙市农业干旱规律分析及旱情预报模型探讨[J]. 湖南水利水电,2003,(3): 29-31.

［55］杨启国,张旭东,杨兴国,等. 甘肃河东旱作小麦农田干旱监测预警服务系统研究[J]. 干旱地区农业研究,2004,22(3):186-191.

［56］李玉爱,汪源正. 发挥农业气候资源在大同盆地盐碱区农业综合开发中的作用[J]. 山西水利,1991,(1):16-17.

［57］黄道友,彭廷柏,王克林,等. 应用 Z 指数方法判断南方季节性干旱的结果分析[J]. 中国农业气象,2003,24(4):12-15.

［58］孙安健,高波. 华北平原地区夏季严重旱涝特征诊断分析[J]. 大气科学 2000,24(03): 393-402.

［59］杨世刚,杨德保,赵桂香,等. 三种干旱指数在山西省干旱分析中的比较[J]. 高原气象 2011,20(5):1406-1414.

［60］杨晓华,杨小利. 基于 Z 指数的陇东黄土高原干旱特征分析[J]. 干旱地区农业研究,2010, 28(3):248-253.

［61］格桑,苏雪燕,普布卓玛. 降水距平百分率在西藏干旱判定中的验证[J]. 西藏科技,2009, (2):60-62.

［62］俞礼军,严海,严宝杰. 最大熵原理在交通流统计分布模型中的应用[J]. 交通运输工程学报,2010,1(3):91-94.

［63］王丽萍,张验科,纪昌明,等. 模拟最大熵法及其在水库泄洪风险计算中的应用[J]. 水利学报,2011,42(1):27-32.

［64］高磊. 基于最大熵原理的非瑞利海浪波高的统计分布[J]. 台湾海啸,2007,26(3):314-320.

［65］李远华. 节水灌溉理论与技术[M]. 武汉:武汉水利水电大学出版社,1999.

［66］邱林,陈晓楠,段春青,等. 农业干旱程度概率分布的研究[J]. 西北农林科技大学学报(自然科学版),2005,33(3):105-108.

［67］闫宝伟,郭生练,陈璐,等. 长江和清江洪水遭遇风险分析[J]. 水利学报,2010,41(5): 553-559.

［68］冯平,毛慧慧,王勇. 多变量情况下的水文频率分析方法及其应用[J]. 水利学报,2009, 40(1):33-37.

［69］刘曾美,陈子桑. 区间暴雨和外江洪水位遭遇组合的风险[J]. 水科学进展,2009,20(5):

619-625.

[70] GENEST C,FAVRE A C. Everything you always wanted to know about Copula modeling but were afraid to ask [J]. Journal of Hydrologic Engineering,2007,12(4):347-367.

[71] 陆桂华,闫桂霞,吴志勇,等.基于 Copula 函数的区域干旱分析方法[J].水科学进展,2010,2121(2):188-193.

[72] 陈永勤,孙鹏,张强,等.基于 Copula 的鄱阳湖流域水文干旱频率分析[J].自然灾害学报,2013,22(1):75-84.

[73] 李计,李毅,贺缠生.基于 Copula 函数的黑河流域干旱频率分析[J].西北农林科技大学学报(自然科学版),2013,41(1):213-220.

[74] 于艺,宋松柏,马明卫,等.Archimedean 族 Copulas 函数在多变量干旱特征分析中的应用[J].水文,2011,31(2):6-10.

[75] 孙可可,陈进,金菊良,等.实际抗旱能力下的南方农业旱灾损失风险曲线计算方法[J].水利学报,2014,45(7):809-814.

[76] 陈海涛,黄鑫,邱林,等.基于最大熵原理的区域农业干旱度概率分布模型[J].水利学报,2013,44(2):221-226.

[77] 李艳.河南省干旱承险脆弱性综合评价研究[D].郑州:郑州大学,2011.

[78] 王静爱,商彦蕊,苏筠,等.中国农业旱灾承灾体脆弱性诊断与区域可持续发展[J].北京师范大学学报(社会科学版),2005,(3):130-137.

[79] 商彦蕊.河北省农业旱灾脆弱性区划与减灾[J].灾害学,2001,16(3):29-33,38.

[80] 刘兰芳,刘盛和,刘沛林,等.湖南省农业旱灾脆弱性综合分析与定量评价[J].自然灾害学报,2002,(4):78-83.

[81] 杜晓燕,黄岁樑.天津地区农业旱灾脆弱性综合评价及区划研究[J].自然灾害学报,2010,(5):138-145.

[82] 邱林,王文川,陈守煜.农业旱灾脆弱性定量评估的可变模糊分析法[J].农业工程学报,2011,27(S2):61-65.

[83] 陈萍,陈晓玲.鄱阳湖生态经济区农业系统的干旱脆弱性评价[J].农业工程学报,2011,27(8):8-13.

[84] 侯光良,肖景义,李生梅.基于气候变化的干旱脆弱性评价——以青海东部为例[J].自然灾害学报,2012,21(2):163-168.

[85] 王文祥,左冬冬,封国林.基于信息分配和扩散理论的东北地区干旱脆弱性特征分析[J].物理学报,2014,(22):451-461.

[86] 金菊良,郦建强,周玉良,等.旱灾风险评估的初步理论框架[J].灾害学,2014,29(3):1-10.

[87] 商彦蕊,史培军.人为因素在农业旱灾形成过程中所起作用的探讨——以河北省旱灾脆弱性研究为例[J].自然灾害学报,1998,9(4):35-43.

[88] 杨宝中,徐君冉,雷霞,等.河南省干旱特点及水资源开发利用的研究[J].华北水利水电学院学报,2008,(04):1-3.

[89] PAULO A A,FERREIRA E,COELHO C,et al. Drought class transition analysis through Markov and Loglinear models,an approach to early warning[J]. Agricultural water manage-

ment,2005,77(1):59-81.

[90] 曾智. Pair-Copulas 函数在干旱特性分析中的应用研究[D]. 杨凌:西北农林科技大学,2012.

[91] 李芬,于文金,张建新,等. 干旱灾害评估研究进展[J]. 地理科学进展,2011,30(7):891-898.

[92] 陈守煜,胡吉敏.可变模糊评价法及在水资源承载能力评价中的应用[J].水利学报,2006,37(3):264-271,277.

[93] 陈守煜.可变模糊集合理论与可变模型集[J].数学的实践与认识,2008,38(18):146-153.

[94] 陈守煜.水资源与防洪系统可变模糊集理论与方法[M].大连:大连理工大学出版社,2013.

[95] 陈守煜.工程模糊集理论与应用[M].北京:国防工业出版社,1998.

[96] 李绍飞,唐宗,王仰仁,等.突变评价法的改进及其在节水型社会评价中的应用[J].水力发电学报,2012,31(5):48-55.

[97] 李宗坤,葛巍,王娟,等.改进的突变评价法在土石坝施工期风险评价中的应用[J].水利学报,2014,45(10):1256-1260.

[98] 邵东国,陈会,李浩鑫。基于改进突变理论评价法的农业用水效率评价[J].人民长江,2012,43(20):5-7.

[99] AHMED K,SHAHID S,BIN HARUN S,et al. Assessment of groundwater otential zones in an arid region based on catastrophe theory[J]. Earth Science Informatics,2015,(8):539-549.

[100] 张瑞梅,梁秀娟,李钦伟,等.基于突变理论的吉林西部灌区地下水环境风险评价[J].农业机械学报,2013,44(1):95-100.

[101] 顾冲时,吴中如,徐志英.用突变理论分析大坝及岩基稳定性的探究[J].水利学报,1998,(9):48-51.

[102] SU S,ZHANG Z,XIAO R,et al. geospatial assessment of agroecosystem health:development of a intergrated index based on catastrophe theory[J]. Stochastic Enviromental and Risk Assessment,2012,26(3):321-334.

[103] POSTON T,IAN STEWANT. Catastrophe Theory and Application[M]. Lord:Pitan 1978:172-191.

[104] 李继清,张玉山,纪昌明,等.突变理论在长江流域洪水综合风险社会评价中的应用[J].武汉大学学报(工学版),2007,40(4):26-30.

[105] 唐明,邵东国,姚成林,等.改进的突变评价法在旱灾风险评价中的应用[J].水利学报,2009,(7):858-682.

[106] 朱喜安,魏国栋.熵值法在无量纲化放大优良标准的探讨[J].理论新探,2015,(2):12-15.

[107] 陆添超,康凯.熵值法和层次分析法在权重确定中的应用[J].软件开发与设计,2009,(9):19-20.

[108] 郭显光.熵值法及其在综合评价中的应用[J].财贸研究,1994,(12):56-60.

[109] SAHA K R,MOOLEY D A. 季风的变动与作物生产[A].高桥浩一郎,吉野正敏.气候变化与粮食生产[C].北京:气象出版社,1983:43-48.

[110] 田中. 近代亚洲季风气候变化及其对农业生产影响的天气图分析[A]. 高桥浩一郎,吉野正敏. 气候变化与粮食生产[C]. 北京:气象出版社,1983:49-62.

[111] DOMROS M. 近代雨量变种状况与斯里兰卡的土地利用[A]. 高桥浩一郎,吉野正敏. 气候变化与粮食生产[C]. 北京:气象出版社,1983:65-71.

[112] 高桥,根本. 气候变化、水稻生产和人口之间的关系[A]. 高桥浩一郎,吉野正敏. 气候变化与粮食生产[C]. 北京:气象出版社,1983:119-1130.

[113] 李大银,熊中燕. 2006 年高温干旱对綦江县粮食生产的影响及措施探槽[J]. 南方农业, 2007,1(4):30-31.

[114] 邓国,王昂生,等. 采用数字仿真技术预测未来年份粮食产量风险概率[J]. 南京气象学院学报,2002,25(2):207-213.

[115] 陈家金,张春桂,等. 福建省粮食产量气象灾害风险评估[J]. 中国农学通报,2009,25(10): 277-281.

[116] 胡亚南,李阔,等. 1951-2010 年华北平原农业气象灾害特征分析及粮食减产评估[J]. 中国农业气象,2013,34(2):197-203.

[117] 唐明,邵东国,姚成林,等. 改进的突变评价法在旱灾风险评价中的应用[J]. 水利学报, 2009,(7):858-682.

[118] 曹伟,盛煜,齐吉琳. 基于突变级数法的青海木里矿区冻土环境评价[J]. 煤炭学报,2008, 33(8):881-886.

[119] 李海广,安振涛,王阵,等. 突变理论在弹药包装性能评估中的应用[J]. 包装工程,2012, 33(21):134-146.

[120] 施玉群,刘亚莲,何金平. 关于突变评价法几个问题的进一步研究[J]. 武汉大学学报(工学版),2003,36(4):132-136.

[121] 刘晶,王世新,周艺. 我国粮食产量生产主要影响因子的灰色关联动态分析[J]. 国土与自然资源研究,2007,(1):54-55.

[122] DAVIDSON A,LAMBER B. Comparing the hurricane disaster dsk of U. S. coastal counties[J]. Natural Hazards review,AUGUST 2001:132-142.

[123] 韦纪远,王东胜. 科学研究的定量管理方法及其计算机程序设计[M]. 长春:吉林大学出版社,1992,78,81,54,68.

[124] 张继权,李宁. 主要气象灾害风险评价与管理的数量化方法及其应用[M]. 北京:北京师范大学出版社. 2007:229-231.

[125] 黄霞丽. 基于 AHP-模糊综合评价的图书馆集成管理系统评估研究[D]. 南京:东南大学,2009.

[126] 刘琳. 辽宁省农业干旱风险评价[D]. 大连:辽宁师范大学,2011.

[127] 倪长健. 论自然灾害风险评估的途径[J]. 灾害学,2013,28(2):1-5.

[128] 苏桂武,高庆华. 自然灾害风险的分析要素[J]. 地学前缘,2003,10(Suppl):273-280.

[129] 王春乙,张继权,霍治国. 农业气象灾害风险评估研究进展与展望[J]. 气象学报,2015, 73(1):1-19.

[130] SHIAU J T,SONG F,NADARAJAH S. Assessment of hydrological droughts for the

Yellow River,China,using Copulas[J]. Hydrological Processes,2007,21(16):2157-2163.

[131] 程亮,金菊良,郦建强,等.干旱频率分析研究进展[J].水科学进展,2013,24(2):146-152.

[132] SHAHID S, BEHRAWAN H. Drought risk assessment in the west part of Bangladesh [J]. Nat Hazard,2008,46(3):391-413.

[133] YEVJEVICH V. An Objective Approach to Definitions and Investigations of Continental Hydrologic Droughts[M]. Fort Collins:Colorado State University,1967.

[134] DISALVO A C,HART S C. Climatic and stream-flow controls on tree growth in a westernmontane riparian forest[J]. Environmental Management,2002,30 (5):678-691.

[135] SUGIMOTO S,NAKAKITA E,IKEBUCHI S. A stochastic approach to short-term rainfall prediction using a physically based conceptual rainfall model[J]. Journal of Hydrology,2001,242(1-2):137-155.

[136] Wong KW, Wong PM, Gedeon TD, et, al. Rainfall prediction model using soft computing technique[J]. Soft Computing,2003,7(6):434-438.

[137] 杨朝晖,李德毅.不确定性推理中二维云模型的应用[A].第十五届全国数据库学术会议论文集[C]. 1998.

[138] 尹国定,卫红.云计算——实现概念计算的方法[J].东南大学学报(自然科学版),2003,33(04):502-506.

[139] 张国英,沙云,刘旭红,等.高维云模型及其在多属性评价中的应用[J].北京理工大学学报,2004,24(12):1065-1069.

[140] 李德毅,邸凯昌,李德仁,等.用语言云模型发掘关联规则(英文)[J].软件学报,2000,11(02):143-158.

[141] 陈守煜.工程水文水资源系统模糊集分析理论与实践[M].大连:大连理工大学出版社,1998:123-124.

[142] 吕辉军,王晔,李德毅,等.逆向云在定性评价中的应用[J].计算机学报.2003,26(08):30-33.

[143] 田景文,高美娟.人工神经网络算法及应用[M].北京:北京理工大学出版社,2006.

[144] 史忠植.神经计算[M].北京:电子工业出版社,1993.

[145] 汤成友,官学文,张世明.现代中长期水文预报方法及其应用[M].北京:中国水利水电出版社,2008.

[146] 曾建潮,介婧,崔志华.微粒群算法[M].北京:科学出版社,2004.

[147] 韩宇平,蔺冬,王富强,等.基于粒子群算法的神经网络在冰凌预报中的应用[J].水电能源科学,2012,30(003):35-37.

[148] 邓聚龙.灰色系统理论教程.武汉:华中理工大学出版社,1990.

[149] 徐启运,张强.中国干旱预警系统研究[J].中国沙漠,2005,25(5):785-789.

[150] 于宝珠.旱情风险评价模型及预警机制的研究[D].哈尔滨:东北农业大学,2007.